50

Dingen die je met een Kleine Telescoop kunt Zien

John A. Read

www.facebook.com/50ThingstoSeewithaSmallTelescope

1

De sterrenkaarten in dit boek zijn gemaakt met behulp van Stellarium, http://stellarium.org/ een open source sterrenkijkprogramma.

Omslagfoto Sean McCauley. Bezoek zijn website (hieronder) voor meer informatie over hoe je contact kunt opnemen met Sean voor alle wensen voor fotografie en video.
http://silhouetteproductions.com

Afbeeldingen van de volgende telescopen verschaffen aanvulling op Celestron:
Celestron FirstScope (Pagina 10), Celestron PowerSeeker 114Az (Pagina 10) en Celestron NexStar 6se (Page 11)

Afbeeldingen van de volgende telescopen werden opgenomen met toestemming van Orion Telescopes & Binoculars, www.telescope.com:
6 Inch Orion SkyQuest (Pagina 10), 8 Inch Orion SkyQuest (Pagina 11)

De afbeelding van Meade Lightbridge Dobson kon worden opgenomen met dank aan Meade Instruments

Bronbestanden van telescoopafbeeldingen van deepsky objecten werden samengesteld met echte Astrofoto's die werden gebruikt met toestemming van de volgende astrofotografen:

Mark Stanford Sr.: Trifid Nevel
Stuart Forman: Dubbele Cluster, M1, M13, M27, M51 M81 & M82, M81 (Supernova toegevoegd).
Mike Harms: Andromeda, Komeet, M42

Afbeeldingen van NASA volgens de NASA gebruiksrichtlijnen voor foto's, zoals hier staat vermeld:
http://www.nasa.gov/audience/formedia/features/MP_Photo_Guidelines.html

Dit boek is opgedragen aan Jennifer, die naar mij luistert terwijl ik vrijwel de hele tijd over de ruimte praat.

Dankwoord

Ik wil graag mijn dank uitspreken aan Marni Berendsen, ontwikkelaar van het NASA Night Sky Network, vanwege haar fantastische bijdrage aan het redigeren en controleren van dit boek.

Ik zou ook graag de Mount Diablo Astronomical Society (MDAS) bedanken voor het voortdurend aanwakkeren van mijn verlangen om meer over het universum te weten te komen. Dit boek zou niet mogelijk zijn geweest zonder de steun van al deze geweldige mensen bij MDAS.

Om de dichtstbijzijnde astronomieclub in jouw omgeving te vinden, kun je terecht op:

https://nightsky.jpl.nasa.gov

Een toelichting van de auteur:

Als ik door mijn telescoop kijk, ben ik een nieuwe en fantastische grens aan het verkennen.

Ik weet dat je naar het midden van dit boek wilt, om er iets leuks te gaan zoeken, en het dan met jouw telescoop proberen te vinden. Houd er rekening mee dat maar ongeveer een derde van de objecten in dit boek op een bepaalde avond zichtbaar zal zijn. Download voordat je jouw telescoop voor de avond klaar zet, de sterrenkijksoftware zoals Stellarium (gratis beschikbaar op http://www.stellarium.org). Met deze software kun je het seizoen bepalen waarin jouw doelobject zichtbaar zal zijn. Ik heb ook een moeilijkheidsgraad (gemeten in supernova's) voor elk object vastgesteld. Over het algemeen is dit boek samengesteld in volgorde van toenemende moeilijkheidsgraad.

Omdat ik mijn astronomie op het noordelijk halfrond doe, heeft dit boek dus ook de neiging zich te richten op het noordelijk halfrond; mijn verontschuldigingen daarvoor richting Australië, Brazilië en al onze andere vrienden in het zuiden.

Tot slot de eerste van vele tips, kijk nooit door een telescoop naar de zon zonder een commercieel zonnefilter te gebruiken! Veel plezier!

Inhoudsopgave

Introductie

Dit boek is bedoeld voor bezitters van een kleine telescoop. Voor zover het dit boek betreft is een kleine telescoop elke telescoop die voor een paarhonderd euro of minder is aangeschaft. Een van de redenen voor het schrijven van dit boek is om de problemen aan te pakken waar bezitters van kleine, in de winkel gekochte telescopen in het begin tegenaan lopen. De oorspronkelijke naam voor dit boek was dan ook *50 Dingen die je met een Winkeltelescoop kunt Zien.*

Vele telescopen worden één keer gebruikt, weer ingepakt, en onderin een kast gestopt. Soms worden mensen verleid tot het aanschaffen van deze telescopen op basis van foto's van planeten en sterrenstelsels op de doos, waardoor ze denken dat hun nieuwe telescoop net zo krachtig is als de Hubble Ruimtetelescoop.

Je hebt misschien al eens geprobeerd om de telescoop te gebruiken en beseft dat de montering zwak is, de optiek slecht, en de computer (als er al een computer is), die met 14.000 objecten is voorgeprogrammeerd, Jupiter niet eens van de maan kan onderscheiden.

Mijn eerste drie telescopen voldeden aan deze criteria. Als kind ben ik uren op zoek geweest naar willekeurige objecten in de ruimte, dromend van een dag dat ik iets spannends zou zien. Ik hoopte vurig iets te zien dat mijn ziel in vlam zou zetten, en me in een lucratieve carrière als astronaut zou opleveren.

Ik was volwassen voordat ik zo'n verhelderende ervaring beleefde, en had al carrière gemaakt in bedrijfsfinanciën voordat mijn ziel voor de astronomie echt werd ontstoken. De plaatselijke apotheek verkocht kleine telescopen voor $ 13,99. De doos zag er prachtig uit met foto's van Saturnus en Jupiter. Ik dacht, *vooruit maar, ik doe het, ik koop die telescoop!*

Ik droeg de telescoop naar huis en stelde hem op. "Deze telescoop stelt echt **niet** veel voor!" dacht ik, en schaamde me dat ik geld aan zo'n stuk schroot had uitgegeven. De telescoop had een plastic camerastatief in plaats van een echte telescoopmontering, de oculairs waren vrij klein, de primaire lens was zo groot als een flinke munt en de zoeker was duidelijk alleen maar bedoeld ter decoratie.

Hoe dan ook, ik besloot het te proberen. Ik droeg de telescoop naar buiten, aan de voorzijde van mijn appartement, onder een straatlantaarn en naast de metrolijn. Ik richtte de kleine telescoop op een heldere gele ster die net boven de horizon was gekomen.

"Halleluja!" dacht ik, terwijl de wankele telescoop zich op die heldere avond in de stilstaande lucht stabiliseerde. Voor mij zag ik voor de allereerste keer, in perfecte HD weergave en perfect in focus, zonder ook maar een beetje vervorming, de ringen van Saturnus.

Voor veel lezers is die eerste telescoop die je hebt gekocht (of gekregen) een blok aan het been. Je moet je letterlijk in allerlei bochten wringen, alleen maar om in het oculair te kunnen kijken. Tja, dit boek is dus voor jou.

Wat heeft mij geïnspireerd om dit boek te schrijven? Nou, ik doe veel vrijwilligerswerk met de hulpgroep van de lokale astronomieclub, via het Night Sky Network van de NASA. We gaan van school tot school en leren studenten iets over sterrenkunde en hoe je een telescoop moet gebruiken. Het punt is dat, ook al woon je in Californië, de lucht niet altijd 100% helder is. Hier volgt een vaak voorkomend gesprek:

Jongen: "Kunnen we de zon bekijken?"

Ik: "Nee, je kunt de zon alleen tijdens de dag zien."

Jongen: "Kan ik de maan zien?"

Ik: "Nee, die is er vanavond niet. Maar er zijn genoeg andere dingen te zien."

Jongen: "Wat dan?"

Inmiddels is het bewolkt geworden.

Ik: "Zoals dit!" Richt de telescoop op Saturnus.

Kid: "Ik zie hem niet."

Ik: "Och jammer, er zit een wolk precies voor Saturnus."

Jongen loopt weg.

Wanneer dit gebeurt is het tijd om creatief te worden, anders wordt het een zootje. De leerlingen beginnen zich te vervelen, en gaat met dingen gooien. De docenten geven ze zaklampen, waarmee ze in je ogen schijnen.

Je draait je tien seconden lang om en een van de kinderen zit op je telescoop als op een paard.

Soms moeten we gewoon onconventioneel denken. Ik zat tijdens een astronomische gebeurtenis bovenop Mount Diablo toen het bewolkt werd. Ik besloot de telescoop op het rode licht bovenop het observatiegebouw op de top te richten. De studenten waren gefascineerd!

Het licht was er zo'n 400 meter vandaan, maar je kon de condensatie op de rode glazen behuizing zien. Er fladderde een nachtvlinder omheen.

De kinderen merkten hoe de lamp ondersteboven in de telescoop te zien was, en ik moest uitleggen dat dit kwam door de lenzen en spiegels in de telescoop. Door naar een gloeilamp te kijken die 400 meter verderop was, konden we de kracht van de telescoop begrijpen, door iets vertrouwds te zien, iets kleins, iets dat zo ver weg was.

We brachten een half uur door met kijken naar die lamp. Het werd door minstens honderd mensen bekeken. Die avond heeft waarschijnlijk net zoveel toekomstige wetenschappers opgeleverd als een nacht dat er helemaal geen wolken waren.

Je hebt nog geen telescoop?

Vanaf het moment dat ik in 2013 de eerste versie van dit boek had gepubliceerd, hebben veel mensen me een bericht gestuurd met de vraag welke telescoop ze, gezien hun budget, moesten kopen. Het meest voorkomende antwoord hierop is "dat hangt ervan af." Ik heb er een hekel aan die reactie te geven. De meeste mensen die met amateur-sterrenkunde zijn begonnen hebben maar één doel: **leuke dingen zien**. Ze proberen niet foto's te maken, of baanbrekende wetenschappelijke ontdekkingen te doen. Met dat in gedachten is mijn enige regel voor het aanbevelen van een eerste telescoop, om een telescoop te nemen met het hoogste diafragma dat je je kunt veroorloven (het diafragma is de diameter van de primaire lens of spiegel).

Celestron FirstScope

Als je budget tussen de $25 en $50 is:

Deze tafelmodel telescoop heeft een diafragma van 76mm, meer dan genoeg om alles in dit boek te kunnen zien. En voor rond de $50 kunt je geen betere eenvoudig te gebruiken montering krijgen.

Tussen de $50 en $150:

Celestron PowerSeeker 114AZ

In deze prijsklasse moet je op zoek gaan naar telescopen met een diafragma van meer dan 110mm (~4.5 inch). Hiermee heb je een prachtig zicht op de ringen van Saturnus, en honderden deepsky objecten.

6 Inch Orion SkyQuest

Pro tip: Overweeg om een gebruikte telescoop te nemen om meer diafragma voor je geld te krijgen!

Tussen de $150 en $300:

In deze prijsklasse zijn we op zoek naar een paar echt geweldige telescopen. Probeer je best te doen om een diafragmabereik van zes inch te krijgen, daar zul je geen spijt van krijgen! Dobson maakt bijzonder aantrekkelijke telescopen.

Tussen $300 en $500:

Nu hebben we het ergens over! Hier kun je telescopen vinden met een diafragma van tussen de acht en tien inch. Persoonlijk heb ik de Dobson liever vanwege hun gebruiksgemak, en spectaculaire zicht op sterrenstelsels, nevels en bolvormige sterrenhopen.

8 Inch Orion SkyQuest

Tussen $500 en $1000

In deze prijsklasse kun je het diafragma afwegen tegen een gecomputeriseerde telescoop. Persoonlijk zou ik dat niet doen, maar het is wel een optie. Een twaalf inch Dobson is een serieuze telescoop. In donkere luchten kun je verre kometen en vage sterrenstelsels zien. Sommige mensen gebruiken deze telescopen zelfs om naar onontdekte supernova's te zoeken!

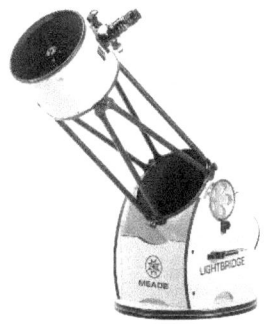

Meade Lightbridge Dobsonian

Celestron NexStar 6se

Onder de $1000 hebben de gangbare of computergestuurde telescopen meestal een diafragma van niet meer dan zes inch. Maar veel populaire telescopen hebben echt gave functies, zoals rondleidingen door de hemel en het volgen van satellieten.

Moeilijkheidsgraad

Hier is een handige gids met de moeilijkheidsgraad die nodig is om elk object te bekijken.

1 supernova:

Nu even serieus, waarom heb je dit niet eerder gezien?

2 supernova's:

Waarschijnlijk een van de helderste objecten aan de hemel.

3 supernova's:

Als je dit kunt zien, ben je officieel een amateurastronoom!

4 supernova's:

Echte astronomen zullen jaloers zijn op je prestatie *

5 supernova's:

Je hebt waarschijnlijk net een echte supernova ontdekt en bent plotseling de lieveling van de media!

*Soms kunnen er uren geduld nodig zijn om eindelijk het object te vinden waarnaar je op zoek bent en het kan niet altijd spectaculair zijn, maar dat is het punt niet. Het punt is om de objecten die je wel kunt zien te waarderen! Hopelijk zal dit boek je helpen de ware pracht van alles aan de hemel te waarderen.

Een opmerking over kleur

Wist je dat bij weinig licht het menselijk oog alleen in zwart-wit kan zien?

Alleen als je een digitale camera gebruikt, krijgen sterrenstelsels en nevels een kleur. Veel objecten die met behulp van professionele telescopen worden gefotografeerd, zijn zelfs niet zichtbaar in golflengten die het menselijk oog kan waarnemen! In zulke gevallen wijzen professionele astronomen aan die bepaalde golflengte van het licht een kleur toe die het menselijk oog *wel* kan zien. Dit wordt vaak valse kleur, of vertegenwoordigende kleur genoemd.

Dit boek gaat over wat **jij** kunt ZIEN door je telescoop. Niet wat een camera kan afbeelden. Astronomen die zich richten op visuele astronomie verwijzen vaak naar "prachtige vlekjes," want zonder camera is dat hoe de meeste deepsky objecten eruit zien.

Dit boek is daarom ook, anders dan de meeste andere astronomieboeken, voor beginners. Ik heb ervoor gekozen om de gedrukte versie in zwart-wit te houden, wat jou als beginnend astronoom bijna $15 bespaart, wat je nu kunt gaan uitgeven aan je nieuwe telescoop!

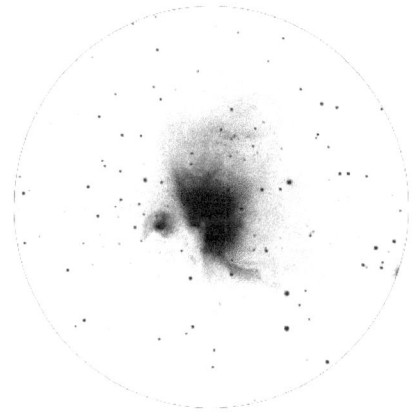

Een Prachtige Vlek!

Dingen die je nodig hebt om te beginnen

1. Die telescoop die je voor Kerstmis (of Chanoeka of je verjaardag) hebt gekregen.

2. Een basisinzicht van hoe je die moet scherpstellen en op de heldere dingen aan de hemel richten. Lees de handleiding van de telescoop voor meer informatie.

3. Een sterrenkijkapplicatie, zoals "Stellarium" voor Mac en PC, verkrijgbaar op http://www.stellarium.org of in de app store. Je hebt een sterrenkijkapplicatie nodig om de locaties te bepalen van veel in dit boek vermelde objecten. Voor het grootste deel volgen planeten geen jaarlijkse kalender, zodat je software nodig hebt om de huidige locatie van een planeet aan de hemel te vinden.

4. Je hebt een commercieel zonnefilter nodig als je van plan bent om je telescoop te gebruiken om naar de zon te kijken. Wanneer je naar de zon kijkt maak dan ALTIJD gebruik van een commercieel zonnefilter over het **objectief** of de **primaire spiegel**. Deze filters zijn te koop bij online verkopers van telescopen zoals:

http://www.telescopes.com

Gebruik nooit een zonnefilter dat alleen je oculair bedekt. Het zonlicht zal door het filter heenbranden en JE ZULT ONMIDDELLIJK BLIND RAKEN.

1. De Poolster (Polaris)

Veel mensen weten niet goed welke ster nu eigenlijk de Poolster is. Sommige mensen geloven dat het de helderste ster aan de hemel is. Ik heb meegemaakt dat mensen met me ruzieden over welke ster de Poolster is, en sommigen wijzen zelfs naar Sirius (die over het algemeen in het zuiden staat), gewoon omdat het de helderste ster was die ze op dat moment konden zien. In werkelijkheid is de Poolster de 48e helderste ster aan de nachtelijke hemel!

Om de Poolster te vinden moet je de twee sterren die de voorkant van de Grote Beer vormen volgen naar de volgende helderste ster (zoals te zien in het schema dat is opgenomen in dit hoofdstuk). De Poolster is feitelijk wat doorgaans een zichtbare dubbelster wordt genoemd, en met je telescoop zou je de tweede ster, genaamd Polaris B kunnen waarnemen!

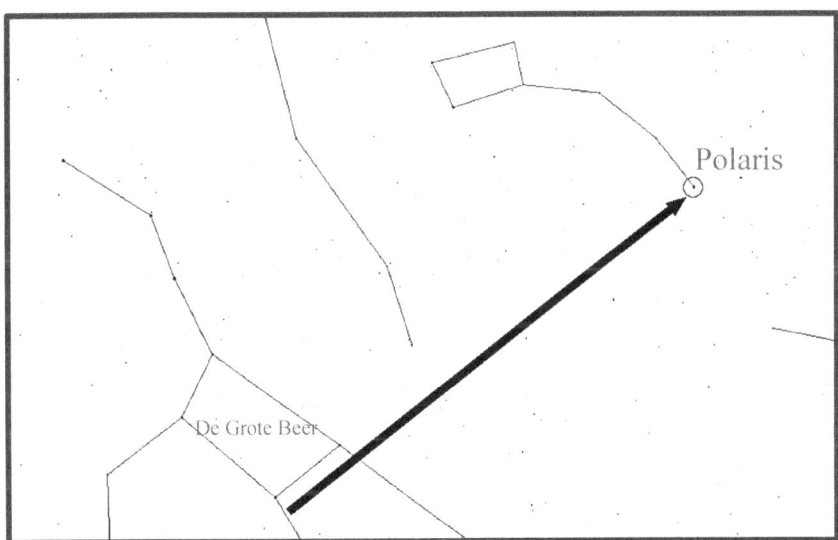

De Poolster is erg belangrijk voor mensen op het Noordelijk Halfrond die een equatoriaal gemonteerde telescoop bezitten. Om dit type montage goed te laten werken, moet één as rechtstreeks naar deze ster wijzen.

Mijn excuses aan Australiërs, Brazilianen en anderen op het Zuidelijk Halfrond voor het vermelden van objecten die je niet kunt waarnemen vanuit je eigen land.

Moeilijkheidsgraad: 1 Supernova

2. Venus

Ach, Venus! Deze prachtige planeet is vernoemd naar de Romeinse godin van de liefde en schoonheid. Omdat Venus dichter bij de zon staat dan de aarde, klimt Venus nooit erg hoog in de nachtelijke hemel en omdat hij altijd in de buurt van de zon rondhangt, kun je Venus alleen kort na zonsondergang of vlak voor zonsopgang zien.

Venus is helder; heel helder. In feite is Venus onder piloten een van de belangrijkste bronnen van UFO-waarnemingen. Dit komt door een optische illusie. Objecten die op grote afstand worden waargenomen, lijken niet te bewegen, zodat wanneer de waarnemer (degene die het object waarneemt) beweegt, dit de illusie creëert dat de waarnemer door het object wordt gevolgd; in dit geval dus Venus.

Zoals hierboven vermeld, kan Venus worden gezien ofwel vlak voor zonsopgang of net na zonsondergang. Om Venus te vinden kun je de applicatie Star Walk of het programma Stellarium gebruiken om zijn specifieke locatie te vinden.

Als je door de telescoop kijkt, let dan eens op de manier waarop Venus er een beetje uitziet als de maan. Dit komt omdat Venus fasen heeft net als onze maan, en omdat Venus dichter bij de zon staat dan de aarde zien we soms de nachtkant van Venus.

Als iemand anders door jouw telescoop kijkt en zegt: "Hé, ik zie de maan!", vraag hen dan eens om een stapje achteruit te doen en ze laten kijken waar de telescoop eigenlijk op gericht staat.

Moeilijkheidsgraad: 2 supernova's.

Venus gefotografeerd door de Mariner 10

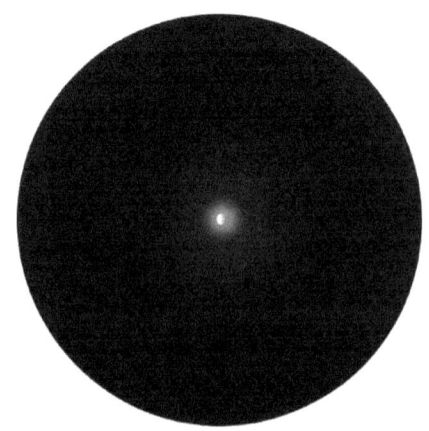

Venus door een telescoop

16

3. Buig naar Arcturus en Spring dan naar Spica!

Van ster naar ster springen met behulp van patronen en frasen is de beste manieren om de nachtelijke hemel te leren kennen.

Beginnend in het voorjaar, is "Buig naar Arcturus en Spring dan naar Spica" een geweldige zin om te herhalen als je door de oostelijke hemel navigeert. Maak een boog vanaf het handvat van de Grote Beer en volg hem door de hemel tot je bij de feloranje ster Arcturus komt. Strek de boog dan weer om naar de blauwachtige ster Spica te springen.

Arcturus is een Oranje Reuzenster en is de vierde helderste ster aan de hemel, terwijl Spica een Blauwe Reus is en de vijftiende helderste ster. Spica bevindt zich in het sterrenbeeld Maagd, terwijl Arcturus in Boötes te vinden is.

Arcturus is erg interessant omdat die zich in de loop van ons leven merkbaar zal bewegen ten opzichte van de andere sterren (ongeveer een zevende van de diameter van de maan in 100 jaar). In feite beweegt hij met meer dan 140 kilometer per seconde, zo snel dat hij over een half miljoen jaar volledig uit het zicht zal zijn verdwenen!

Spica roteert en is variabel (toename en afname van de helderheid). Op de evenaar draait hij met ongeveer 200 km/u en de helderheid verandert bij elke omwenteling een heel klein beetje.

Moeilijkheidsgraad: 1 Supernova

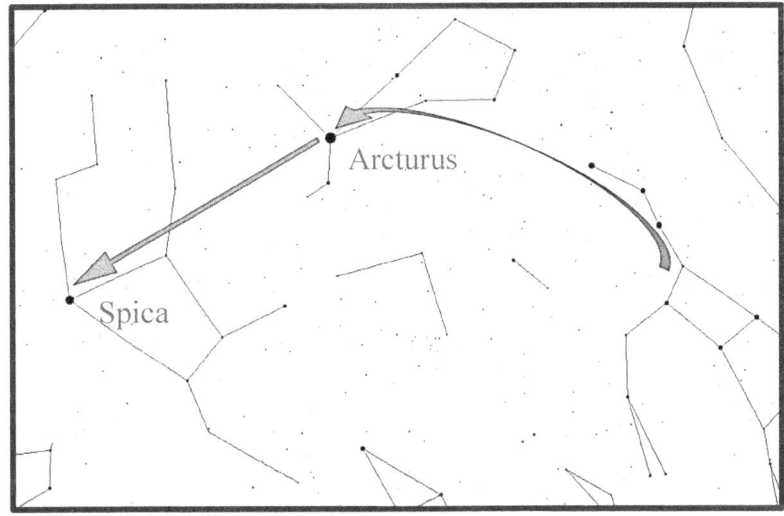

4. Betelgeuse

Ja Betelgeuse, waar ergens in die buurt *Het Transgalactisch Liftershandboek* wordt verondersteld te zijn geschreven! Kinderen zijn dol op deze ster, vooral omdat het klinkt als Beetlejuice [keversap] (een film die op de naam van de ster is geïnspireerd).

Deze grote rode ster is een verrassing voor degenen die denken dat alle sterren wit zijn (inclusief mijzelf tot een paar jaar geleden, toen ik me echt in de astronomie ging verdiepen). Hij varieert na verloop van tijd ook in helderheid. Het is meestal zo'n beetje de 8e helderste ster aan de hemel, en kan zo helder als de 6e of zo zwak als de 20e zijn!

Betelgeuze is gemakkelijk te vinden, want het is de heldere ster in de buurt van de bovenkant van het sterrenbeeld Orion. Wanneer we er door een telescoop naar kijken, is het gemakkelijk te zien hoe rood hij is. Om te zien hoe rood precies, draai je de telescoop naar beneden naar Rigel, een blauwe ster die in de volgende paragraaf wordt beschreven.

Objecten in het sterrenbeeld Orion kun je het best bekijken in de herfst- en wintermaanden. De meeste mensen vinden Orion door de drie heldere sterren op een rij te zoeken die deel uitmaken van Gordel van Orion.

Moeilijkheidsgraad: 1 Supernova

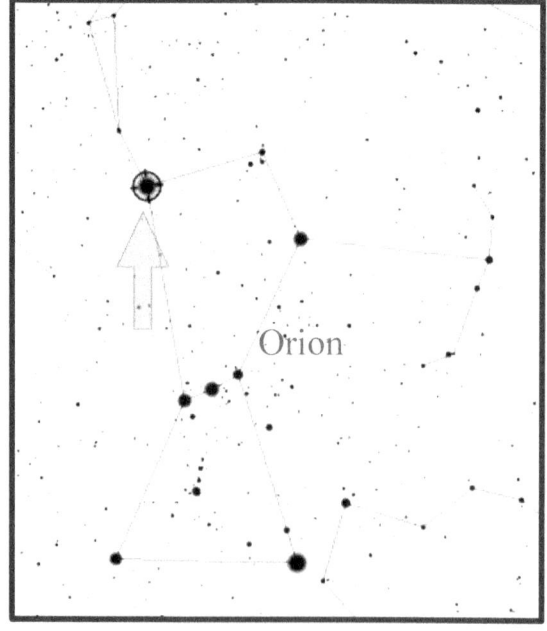

5. Rigel

Niet één, niet twee, maar drie sterren maken deel uit van dit lichtpuntje aan de voet van Orion. Bij een zeer donkere lucht is het mogelijk om ster A (De Blauwe Superreus) en ster B (een veel donkerder begeleidende ster) te onderscheiden. Maar ster C draait in een nauwe baan rond ster B, en het is onmogelijk om B en C met een kleine telescoop te scheiden.

Welnu, als er drie sterren zijn, moeten er toch veel planeten zijn? De schrijvers van Star Trek lijken dat zeker te denken. Planeten genaamd Rigel X of Rigel II of Rigel VII maken van Rigel zo'n beetje de meest populaire plek in het Star Trek universum!

Tot mei 2013 waren er geen planeten rond Rigel ontdekt. Maar er worden elk jaar duizenden nieuwe planeten gevonden. Je kunt een bijgewerkte database van deze ontdekkingen hier vinden:

http://exoplanets.org/

Vergelijk bij het observeren van Rigel de kleur en helderheid eens met die van Betelgeuse.

Moeilijkheidsgraad: 1 Supernova.

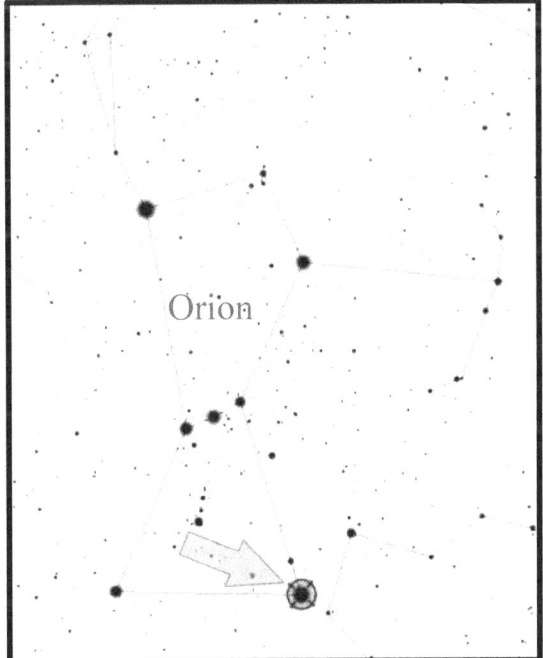

6. De Orionnevel.

De Orionnevel wordt vaak wel de "Kraamkamer" genoemd. Als je deze nevel observeert, kun je een grote hoeveelheid gas rond een reeks van sterren zien. Het wordt de "Kraamkamer" genoemd, omdat deze sterren uit dat gas worden gevormd.

De Orionnevel is onderdeel van het Orioncomplex, dat ook de Paardekopnevel bevat. Hoewel de Paardekopnevel veel te zwak is om in een kleine telescoop te zien, is het niettemin de locatie van "De Planeet van de Ood" uit de klassieke BBC-serie *Doctor Who*.

De Orionnevel is een van de gemakkelijkste deepsky objecten (objecten die niet in ons zonnestelsel staan) om in de late herfst, winter en het vroege voorjaar te zoeken. Om deze nevel te vinden moet je eerst de Gordel van Orion vinden, en dan zijn zwaard zien als de rij sterren die vanaf de gordel naar beneden loopt. In het midden van dit zwaard bevindt zich de Orionnevel.

Moeilijkheidsgraad: 2 Supernova's. Het zoeken naar de Orionnevel is net als fietsen. Je vergeet nooit hoe het moet.

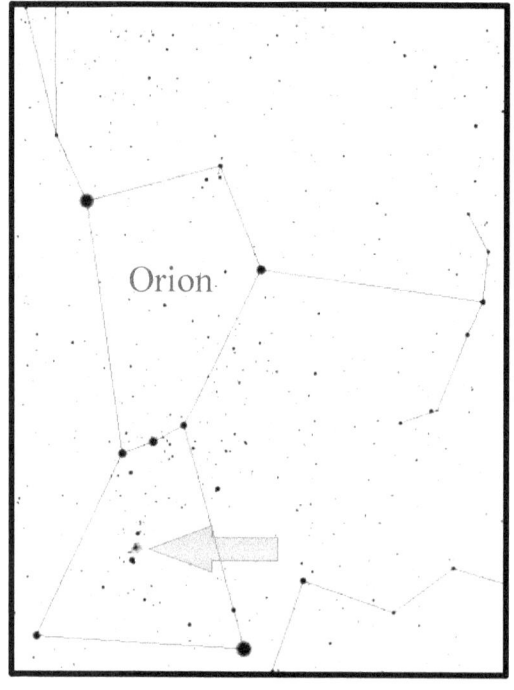

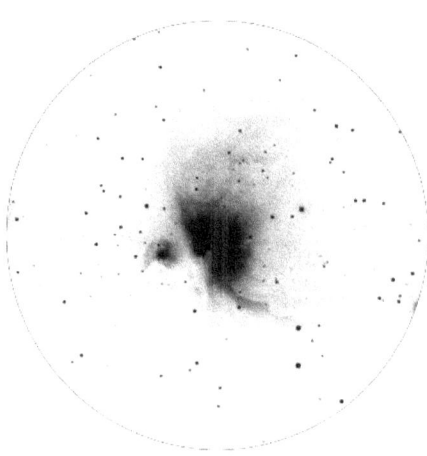

Orionnevel door een telescoop

20

7. Sirius

Sirius is de eerste halte op de Harry Potter tour (vele namen van sterren en sterrenbeelden worden in de boeken van Harry Potter vermeld)! Deze ster is twee keer zo helder als elke andere ster aan de hemel en zal je nachtzicht de komende dertig minuten compleet ruïneren! Sirius is zelfs zo ongelooflijk helder dat hij op grote hoogte overdag te zien is!

Deze ster heeft de bijnaam de "Hondsster" vanwege zijn aanwezigheid in het sterrenbeeld Canis Major (Grote Hond). Hij inspireerde in feite de uitdrukking "Hondsdagen in de zomer."

Sirius bevindt zich links van het sterrenbeeld Orion en is in de winter en het vroege voorjaar duidelijk zichtbaar aan de zuidelijke hemel.

Moeilijkheidsgraad: 1 Supernova.

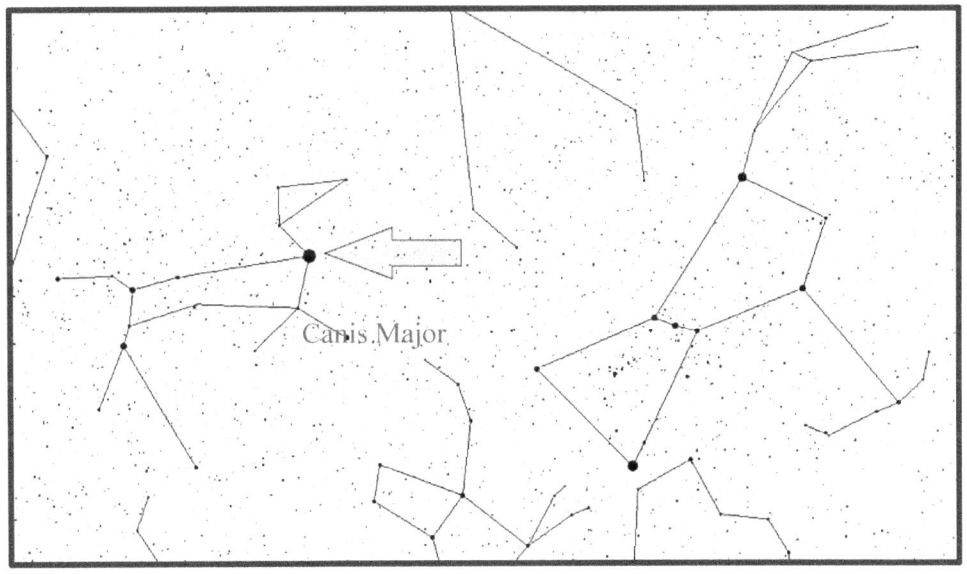

8. De Maan

Je kunt hem niet missen! Zelfs met de kleinste telescoop moet je in staat zijn de kraters op het oppervlak duidelijk te zien.

Ik heb een keer de telescoop gebruikt die ik bij de apotheek voor $ 13,99 had gekocht om te proberen de "LCROSS" missie van de NASA te filmen. In deze missie heeft de NASA een ruimteschip op de maan laten neerstorten in een poging een pluim maanstof te creëren die ze konden analyseren op sporen van water. Het was de bedoeling dat de botsing als een lichtflits vanaf de Aarde zichtbaar zou zijn, maar ik heb niets gezien. Later werd vastgesteld dat de reden dat de botsing niet zichtbaar was, was omdat het ruimtevaartuig (dat in een zuidelijke krater neerkwam) in maangrond terecht kwam die de samenstelling van sneeuw had!

De maan is ongeveer de helft van de maand zichtbaar aan de avondhemel. Als je er echt goed over nadenkt, is dat logisch want, zoals de meesten van ons wel weten, draait de maan elke 27 dagen rond de aarde. Het verbaast me vaak dat sommige mensen schijnen te denken dat we op maanloze nachten de maan met behulp van een telescoop wel zouden kunnen zien. Even voor de duidelijkheid, als je de maan niet kunt zien zonder telescoop, dan kun je hem ook niet zien met telescoop.

Moeilijkheidsgraad: 1 Supernova.

De maan door een kleine telescoop

9: Tweelingen - Castor, Pollux en Meteoren

Het sterrenbeeld Tweelingen is het beste te zien in de winter en het voorjaar in de westelijke hemel na zonsondergang, en kun je je het beste voorstellen als een tweeling hand in hand. De sterren Castor en Pollux vormen de hoofden van deze tweeling.

De ster Castor, het hoofd van de meest rechtse tweeling, is een dubbelster als je hem door de telescoop bekijkt. Maar Castor is in feite een zesvoudig sterrensysteem, zes sterren met elkaar verbonden door zwaartekracht. Toch kunnen deze zes sterren alleen door een extreem sterke telescoop worden onderscheiden, of door middel van de wetenschap van spectroscopie (het breken van het licht in verschillende golflengten).

De ster Pollux, het hoofd van de meest linkse tweeling, was vroeger een ster uit de "hoofdreeks", zoals ook onze zon. Maar hij is door zijn waterstof heen en is nu uitgegroeid tot een "reuzenster", met vele malen de straal van onze Zon. Dit geeft de ster zijn oranjeachtige kleur. Pollux is ook de helderste zichtbare ster met een planeet erom heen (hoewel dit kan veranderen als er steeds nieuwe planeten worden ontdekt).

Medio december is er de Geminiden, een meteorenregen, een van de meest overvloedige meteorenregens van het jaar.

Moeilijkheidsgraad: 2 supernova's.

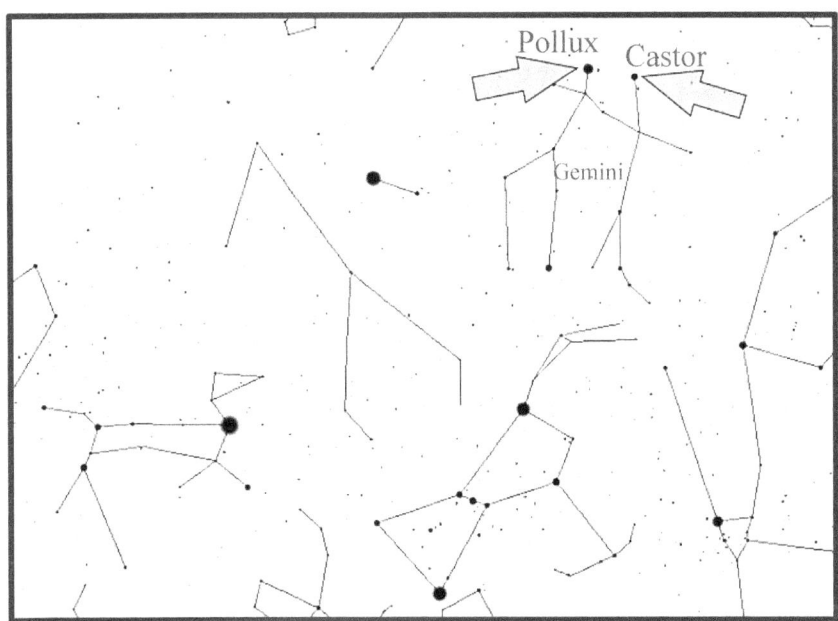

10. Mars

Jazeker, het kan er in je telescoop uitzien als een eenvoudige rode schijf, maar hé, het is wel Mars! Blijf zoeken en blijf richten, en misschien zul je de poolkappen en een paar afwisselende kleuren in de bodem van Mars zien.

Het is behoorlijk cool om te beseffen dat er mannen en vrouwen hier op Aarde zijn (Bij het Jet Propulsion Laboratory van NASA in Los Angeles County) die op afstand rovers besturen ter grootte van een kleine SUV en golfkarretjes op het oppervlak van Mars.

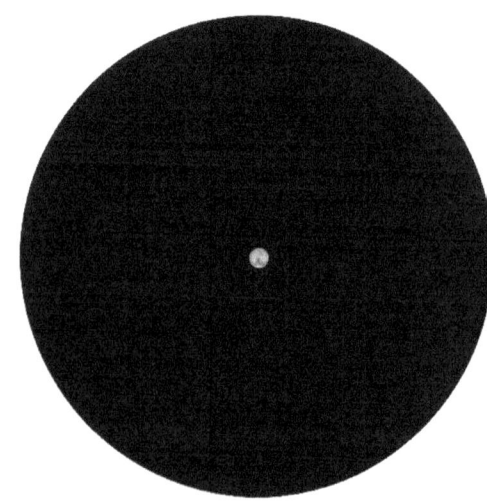

Omdat Mars een planeet is, zal deze te vinden zijn langs de ecliptica*. Zoek net als met alle planeten, in de astronomische software zoals Star Walk of Stellarium, naar een precieze locatie. Als je al weet dat Mars zichtbaar is, zoek dan langs de ecliptica naar een ster die er dieprood uitziet.

* Wat is de ecliptica? Aangezien alle planeten in min of meer hetzelfde baanvlak rond de zon draaien, zullen ze allemaal in een bepaald deel van de nachtelijke hemel verschijnen; zo'n beetje als een vliegtuig dat altijd dezelfde route volgt. Dit pad heet de ecliptica en loopt grofweg van de oostelijke horizon naar de westelijke horizon. Dit is ook het pad dat de zon overdag volgt.

Moeilijkheidsgraad: 2 supernova's.

Mars gefotografeerd door de Hubble

Mars door een telescoop

11. Jupiter

Als je onder de indruk wilt raken, kijk dan eens naar Jupiter en zijn vier grootste manen: Europa, Io, Ganymedes en Callisto! Gedurende een halfjaar is Jupiter een van de eerste dingen die aan de nachtelijke hemel in het donker te zien is, en dat maakt het tot een geweldig doelwit om vroeg in de avond je telescoop op scherp te stellen en je oculair aan te passen.

Jupiter is een enorme planeet, meer dan twee en een half keer de massa van alle andere planeten in het zonnestelsel samen. Met een kleine, goed scherpgestelde telescoop moet je niet alleen in staat zijn de vier door Galileo in het jaar 1610 ontdekte manen te zien, maar mogelijk kun je ook de twee meest in het oog springende wolkenbanden op de planeet zelf zien.

Om Jupiter te vinden zoek je naar een van de helderste objecten aan de hemel langs de ecliptica (het pad van de planeten door de hemel van oost naar west), of kijkt gewoon op Star Walk, Stellarium, of andere astronomische software. Gebruik een gemiddeld sterk oculair voor een optimale weergave.

Zoals je op de kinderfoto's hieronder kunt zien, is Jupiter ook een prima object voor het beoefenen van astrofotografie!

Moeilijkheidsgraad: 2 Supernova's

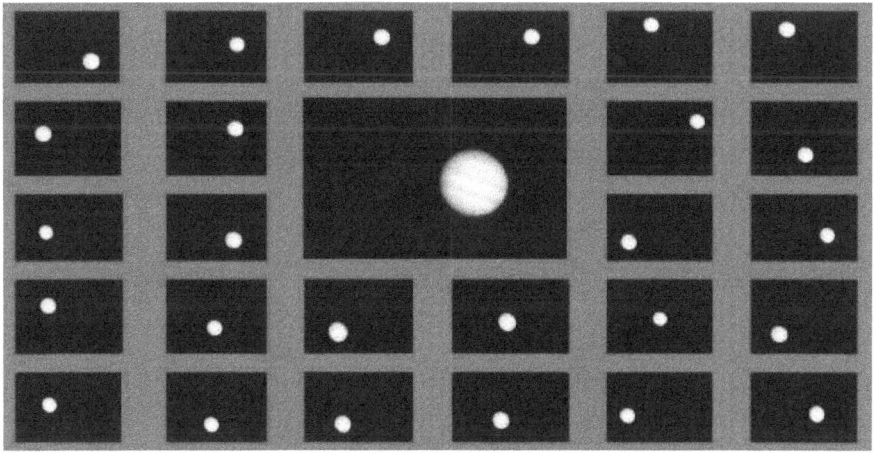

Planeet Jupiter gefotografeerd door Kinderen van 3-12

12. Europa

De manen van Jupiter hebben een eigen hoofdstuk nodig, gewoon omdat ze zo interessant zijn.

Europa is de kleinste van de vier door Galileo ontdekte manen, maar volgens mij de meest interessante. Dat komt omdat Europa water heeft; veel water. De laatste schattingen zijn dat er zich onder het ijzige oppervlak een vloeibare oceaan van meer dan 100 kilometer diepte bevindt. Volgens deze schatting heeft Europa twee keer zoveel vloeibaar water als er op aarde is!

De manen van Jupiter veranderen elke nacht van positie. Het is meestal moeilijk te zeggen welke maan welke is, als je een kleine telescoop gebruikt. De beste manier om te zeggen welke maan Europa is, is met behulp van de astronomische software. Helaas toont Star Walk niet de locatie van de manen van Jupiter. Je moet een andere app gebruiken, zoals *Star-Rover* of Stellarium.

Moeilijkheidsgraad: 3 supernova's.

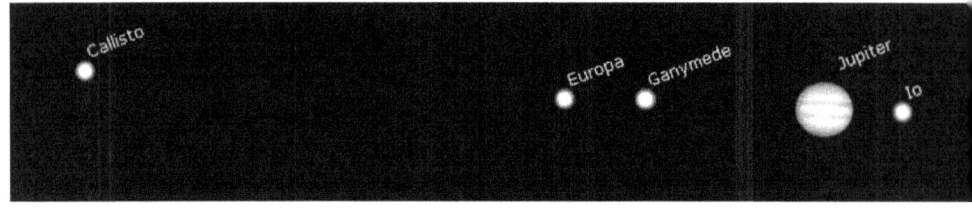

Jupiter en zijn manen - (oriëntatie van de maan verandert elke nacht)

Europa gefotografeerd door het Ruimtevaartuig Galileo

13. Io

Heb je het boek *Ilium* van Dan Simmons gelezen? Nou, dat zou wel moeten, omdat de hoofdpersoon (een mijnbouwrobot) van deze maan afkomstig is.

Van de door Galileo ontdekte manen van Jupiter, is Io degene die het dichtst om Jupiter cirkelt. Io is ook het geologisch meest actieve hemellichaam in het zonnestelsel, met meer dan 400 actieve vulkanen!

Moeilijkheidsgraad: 3 Supernova's

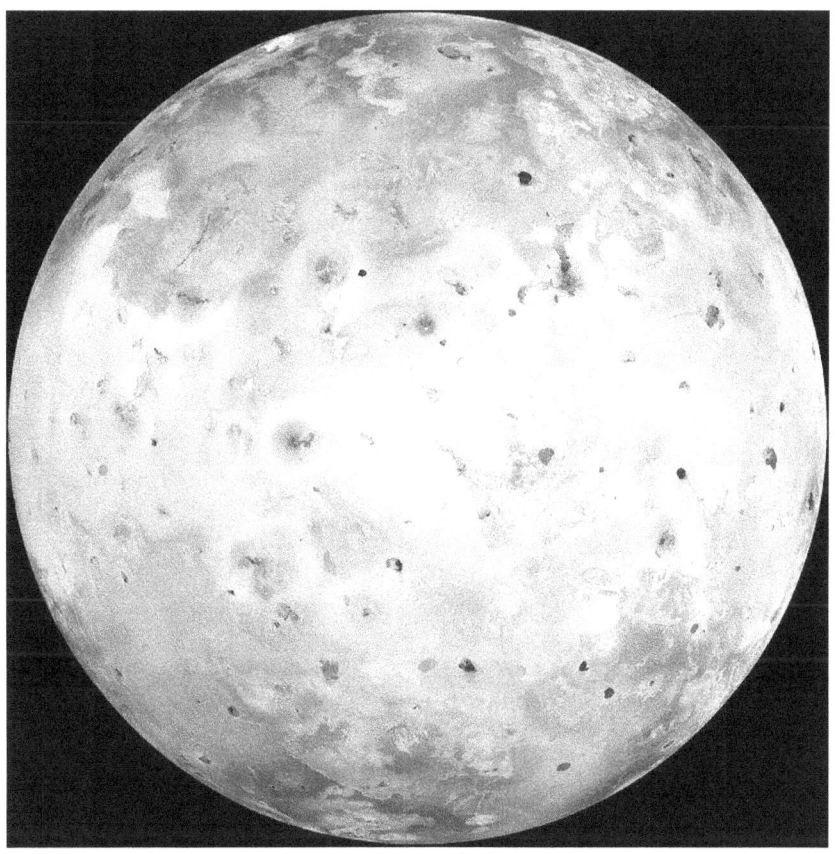

Io gefotografeerd door het Ruimtevaartuig Galileo

14. Callisto

Pak je koffers maar, want Callisto zou wel eens je nieuwe thuis kunnen worden! Deze maan heeft het laagste stralingsniveau van de grote manen van Jupiter, en zou een veelbelovende locatie voor menselijke bewoning kunnen worden! Dat wil zeggen, als je dagen van 400 uur geen probleem vindt. Als je ooit Callisto bezoekt, probeer dan niet de hele nacht op te blijven!

Wanneer we naar Jupiter kijken, is Callisto meestal de maan die het verst van de planeet vandaan staat. Hij cirkelt op zo'n afstand dat hij gemakkelijk te verwarren is met een ster op de achtergrond.

Moeilijkheidsgraad: 3 supernova's.

Callisto gefotografeerd door het Ruimtevaartuig Galileo

15. Ganymedes

Deze maan is beroemd geworden door de tv-serie "Power Rangers" uit 1993, en de gastheer van de locatie van de Zordvloot van Mega Vehicles.

Interessanter is dat Ganymedes de grootste maan in ons zonnestelsel is. Hij heeft meer dan twee keer de massa van de maan van de Aarde!

Om Ganymedes te vinden met je goed kijken om te zien welke van de manen van Jupiter de grootste en helderste is. Maar om gewoon zeker te zijn, kun je even in je astronomische software kijken ter bevestiging.

Moeilijkheidsgraad: 3 supernova's.

Ganymedes gefotografeerd door het Ruimtevaartuig Galileo

16. Saturnus

Eén blik op Saturnus en je zou zo je auto in willen ruilen voor een telescoop van gelijke waarde. Of niet. Hoe dan ook, het is nogal een spektakel.

In feite is Saturnus zo geweldig dat de meest geweldige dag van de week ernaar is vernoemd. Dat klopt, zaterdag, of eigenlijk zou je het vanaf nu Saturnusdag moeten noemen.

Kijk zoals met elke planeet eerst in Stellarium of een andere app om er zeker van te zijn dat hij hoog aan de nachtelijke hemel staat. Dat zal langs de ecliptica zijn en hij zal er geel uitzien.

Moeilijkheidsgraad: 2 supernova's (3 supernova's als je met je telefooncamera een foto van de ringen kunt maken).

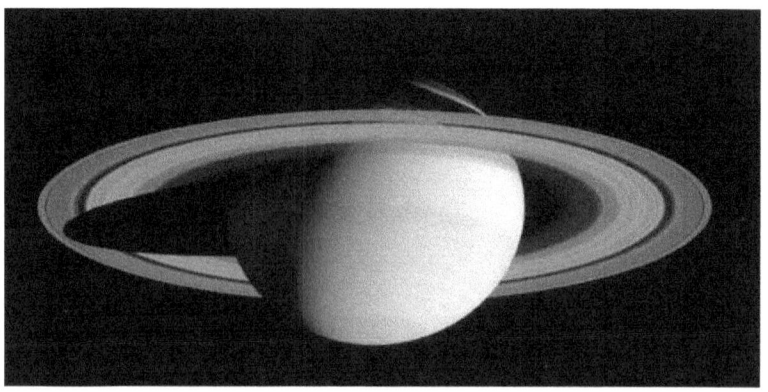

Saturnus gefotografeerd door het Ruimtevaartuig Galileo

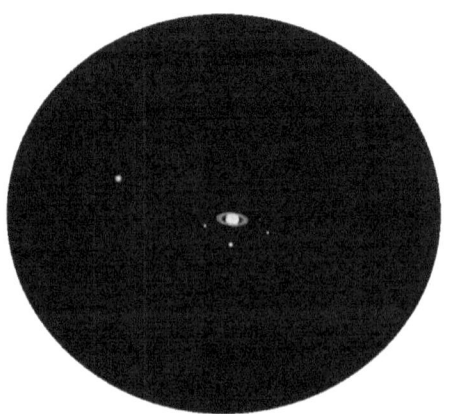

Saturnus door een telescoop

17. Titan

Titan is de grootste maan van Saturnus. Er is geen betere plek om uit een warp te komen om ontdekking door een Romulan mijnbouwschip in de fantastische film *Star Trek 11* te vermijden.

Het meeste interessante aan Titan is dat de zwaartekracht laag genoeg is en de atmosfeer dik genoeg, om door kleine vleugels aan je armen vast te binden, je zou kunnen vliegen als een vogel!

NASA heeft ook een klein ruimteschip op het oppervlak van Titan laten landen. Op 14 januari 2005 drong een hele kleine sonde genaamd *Huygens* de dikke atmosfeer van Titan binnen en daalde aan een parachute af naar de oppervlakte. De sonde nam onderweg steeds foto's en één foto vanaf het oppervlak (hier rechts te zien).

Ten tijde van dit schrijven (2013) is Saturnus een lente- en zomerplaneet. Als je dit boek in de verre toekomst leest, raadpleeg dan je sterrenkijksoftware voor de exacte locatie.

Om Titan te kunnen vinden, moet je eerst Saturnus opzoeken. Zodra je Saturnus hebt gevonden, zal de baan van Titan zich er direct naast bevinden.

Moeilijkheidsgraad: 3 Supernova's

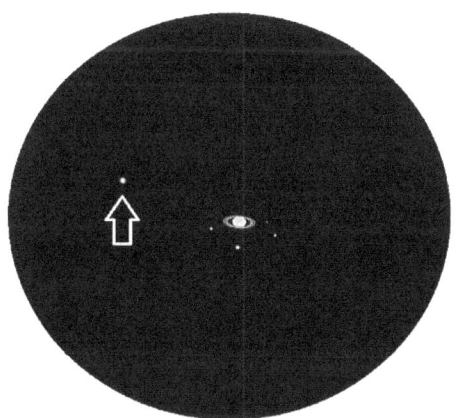

Saturnus en Titan door een telescoop

31

18. Maansverduistering

Maansverduisteringen, die vaak worden aangeduid als een Bloedmaan, zijn niet zo zeldzaam als je zou denken. In tegenstelling tot zonsverduisteringen, die alleen op bepaalde plaatsen zichtbaar zijn, kunnen Maansverduisteringen vanaf vrijwel overal op de nachtelijke kant van de Aarde worden waargenomen, ervan uitgaande dat er geen wolken in de weg zitten.

Een maansverduistering doet zich voor wanneer de maan door de schaduw van de aarde heengaat. Het zonlicht dat de atmosfeer van de aarde passeert, geeft de maan een roodachtige tint.

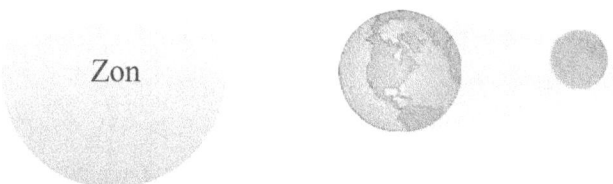

Er zijn drie basistypen Maansverduisteringen. Ten eerste, en het meest opwindende, is de totale maansverduistering, waarbij de maan volledig door de schaduw van de aarde gaat. Ten tweede is er de gedeeltelijke maansverduistering. Tijdens een gedeeltelijke verduistering wordt de maan slechts gedeeltelijk bedekt. Ten slotte is er de Penumbrale Maansverduistering, waarbij het licht dat door de atmosfeer van de aarde gaat, een deel van de maan verlicht, maar waarbij geen duidelijke schaduw zichtbaar is. Penumbrale Verduisteringen zijn echter vaak moeilijk te onderscheiden van een gewone volle maan.

De volgende pagina toont een overzicht van de volledige en gedeeltelijke Maansverduisteringen tot het jaar 2030.

Moeilijkheidsgraad: 2 Supernova's

Maanverduistering, Foto van de Auteur

18.5. Schema Maansverduisteringen

Kalenderdatum	Type Verduistering	Tijd van Grootste Eclips (UT ~ UTC)	Tijdsduur Verduistering	Geografische Regio van Zichtbaarheid van de Verduistering
7 augustus, 2017	Gedeeltelijk	18:21:38	01u55m	Europa, Afrika, Azië, Australië.
31 januari, 2018	Totaal	13:31:00	03u23m	Azië, Australië., Pacific, Westelijk Noord-Amerika
27 juli, 2018	Totaal	20:22:54	03u55m	Zuid-Amerika, Europa, Afrika, Azië, Australië.
21 januari, 2019	Totaal	5:13:27	03u17m	Centraal Pacific, Amerika's, Europa, Afrika
16 juli, 2019	Gedeeltelijk	21:31:55	02u58m	Zuid-Amerika, Europa, Afrika, Azië, Australië.
26 mei, 2021	Totaal	11:19:53	03u07m	Oost Azië, Australië, Pacific, Amerika's
19 november, 2021	Gedeeltelijk	9:04:06	03u28m	Amerika's, Noord Europa, Oost Azië, Australië, Pacific
16 mei, 2022	Totaal	4:12:42	03u27m	Amerika's, Europa, Afrika
8 november, 2022	Totaal	11:00:22	03u40m	Azië, Australia, Pacific, Amerika's
28 oktober, 2023	Gedeeltelijk	20:15:18	01u17m	Oostelijke Amerika's, Europa, Afrika, Azië, Australië
18 september, 2024	Gedeeltelijk	2:45:25	01u03m	Amerika's, Europa, Afrika
14 maart, 2025	Totaal	6:59:56	03u38m	Pacific, Amerika's, West-Europa, Westelijk Afrika
7 september, 2025	Totaal	18:12:58	03u29m	Europa, Afrika, Azië, Australië
3 maart, 2026	Totaal	11:34:52	03u27m	Oost Azië, Australië, Pacific, Amerika's
28 augustus, 2026	Gedeeltelijk	4:14:04	03u18m	Oost-Pacific, Amerika's, Europa, Afrika
12 januari, 2028	Gedeeltelijk	4:14:13	00u56m	Amerika's, Europa, Afrika
6 juli, 2028	Gedeeltelijk	18:20:57	02u21m	Europa, Afrika, Azië, Australië
31 december, 2028	Totaal	16:53:15	03u29m	Europa, Afrika, Azië, Australië, Pacific
26 januari, 2029	Totaal	3:23:22	03u40m	Amerika's, Europa, Afrika, Midden-Oosten
20 december, 2029	Totaal	22:43:12	03u33m	Amerika's, Europa, Afrika, Azië
15 juni, 2030	Gedeeltelijk	18:34:34	02u24m	Europa, Afrika, Azië, Australië

Voorspelling van de Verduisteringen door Fred Espenak, NASA's GSFC

19. Zonnevlekken

Zonnevlekken zijn turbulenties en stormen van magnetische activiteit nabij het oppervlak van de zon, die in een bepaald gebied een lagere temperatuur veroorzaken.

Wat is er leuk aan zonnevlekken? Nou, ten eerste zijn ze meestal net zo groot als de aarde! Ten tweede ontstaan ze in paren (één voor elke magnetische pool van de storing). Ten derde verandert hun locatie elke dag. Ten vierde heb ik eens een foto van een zonnevlek gemaakt die eruit zag als Hawaii.

Om zonnevlekken te bekijken kun je gebruik maken van een commercieel zonnefilter over je telescoop of verrekijker, en dan goed scherp stellen op de zon. Met de zon in focus moet je vrijwel altijd minstens één of twee zonnevlekken kunnen zien.

Moeilijkheidsgraad: 2 Supernova's

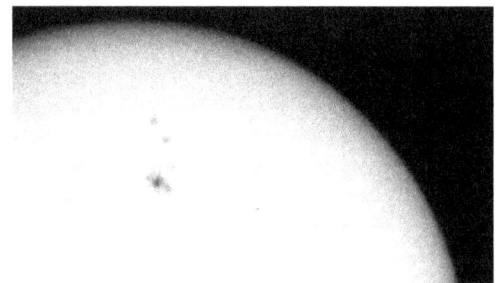

Zonnevlekken die er uitzien als Hawaïaanse eilanden

Het fotograferen van de zon met een verrekijker met zonnefilter en een iPhone

20. Zonsverduistering

Een Zonsverduistering treedt op wanneer de maan voor de zon langs schuift. Als gevolg van de elliptische baan van de maan vindt de verduistering soms plaats wanneer de maan dichter bij de aarde staat, en soms wanneer de maan wat verder weg is. Er zijn daarom twee soorten verduisteringen. Ten eerste is er de Ringvormige Zonsverduistering, waarbij de maan verder weg staat en de zon niet volledig afdekt. Wanneer de maan in een baan dichterbij de aarde staat en er een zonsverduistering is, zal de maan de zon volledig afdekken en kunnen we een totale zonsverduistering waarnemen.

Ik moet toegeven dat ik nog nooit getuige ben geweest van een totale zonsverduistering, maar ik hoor dat het waarnemen van een totale zonsverduistering een geweldige ervaring is; de lucht wordt koeler, dieren doen vreemde dingen, en het wordt merkbaar donkerder. Voor een lijst met 32-stappen van dingen die je moet doen om je voor te bereiden op een totale zonsverduistering moet je dit geweldige artikel lezen: http://www.ehow.com/how_17510_view-solar-eclipse.html

Ik heb alleen een ringvormige zonsverduistering meegemaakt, waar ik de foto hieronder kon maken (met behulp van mijn iPhone, een verrekijker en een zonnefilter).

Gedurende het uur voor en het uur na de totaliteit, (een totaliteit is wanneer de maan de zon volledig bedekt. Dit kan van dertig seconden tot zes minuten duren) kun je de zon via je telescoop bekijken met gebruik van een commercieel zonnefilter.

Kaarten en schema's voor alle Totale Zonsverduisteringen en Ringvormige Zonsverduisteringen tot het jaar 2025 staan als bijlage in dit boek vermeld. De volgende totale zonsverduistering in de Verenigde Staten zal plaatsvinden in het jaar 2017.

Moeilijkheidsgraad: 2 Supernova's

Ringvormige Zonsverduistering - 20 mei 2012

21. De Plejaden

Als je in een Subaru rijdt kun je dit overslaan, want deze sterrenhoop zie je elke keer als je naar het stuur kijkt. Als je geen Subaru rijdt, dan zijn de Plejaden te vinden aan de rechterkant van Orion, (jouw rechterkant, dus voor Orion is het links).

Sommige mensen denken dat dit het sterrenbeeld de Kleine Beer is. Dat is niet zo. De echte Kleine Beer is vrij zwak, maar toch flink wat groter dan de Plejaden, en ligt in de noordelijke hemel.

Om de Plejaden te vinden kijk je omhoog en rechts van Orion waar meestal, met een beetje lichtvervuiling, niet meer dan 6 van de 7 helderste sterren in de Plejaden met het blote oog zichtbaar zijn. Maar zodra je door je telescoop kijkt, zullen er tientallen sterren in beeld komen!

Moeilijkheidsgraad: 1 supernova.

De Plejaden door een telescoop

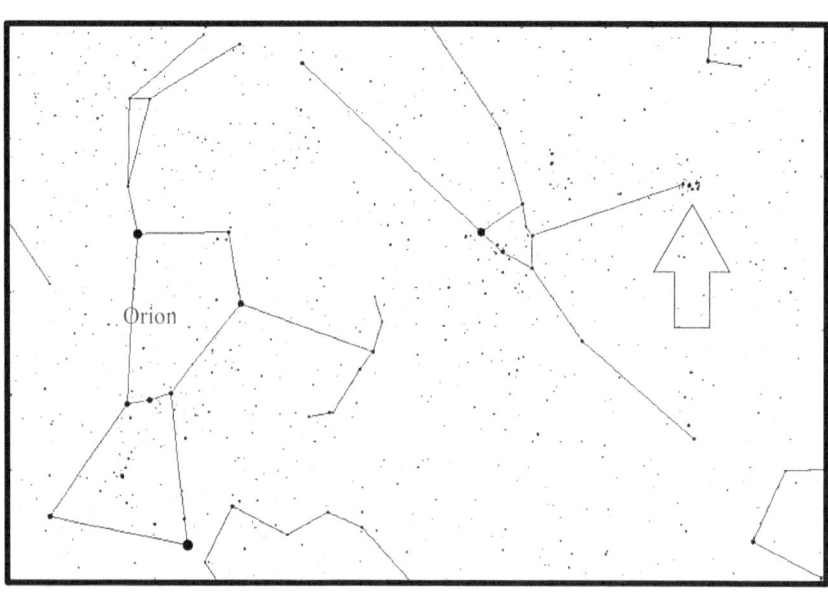

22. De Sterrenhoop Hercules

Deze Bolvormige Sterrenhoop is één van de weinige objecten in dit boek die zich buiten het vlak van de Melkweg bevindt! Niet erg verrassend is dit waar in Dan Simmons klassieke roman *Hyperion* (uit 1989) de Aarde werd gestolen en verborgen.

Het is ook een van de helderste deepsky objecten. En, ook niet verrassend, heel gemakkelijk te vinden, want hij is echt enorm! Er zijn daar een paar honderdduizend sterren, en hoe langer je ernaar staart, hoe meer er opduiken. Als jouw telescoop erg klein is, zul je dit object als een grijze bol zien (vandaar bolvormig).

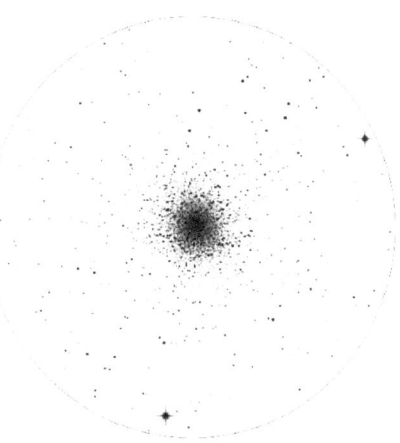

De Sterrenhoop Hercules door een telescoop

Hoe je hem kunt vinden? Kies gewoon een zijde van het vierkant in het sterrenbeeld Hercules, en zoek langs de randen van het vierkant totdat je hem vindt.

Moeilijkheidsgraad: 3 supernova's.

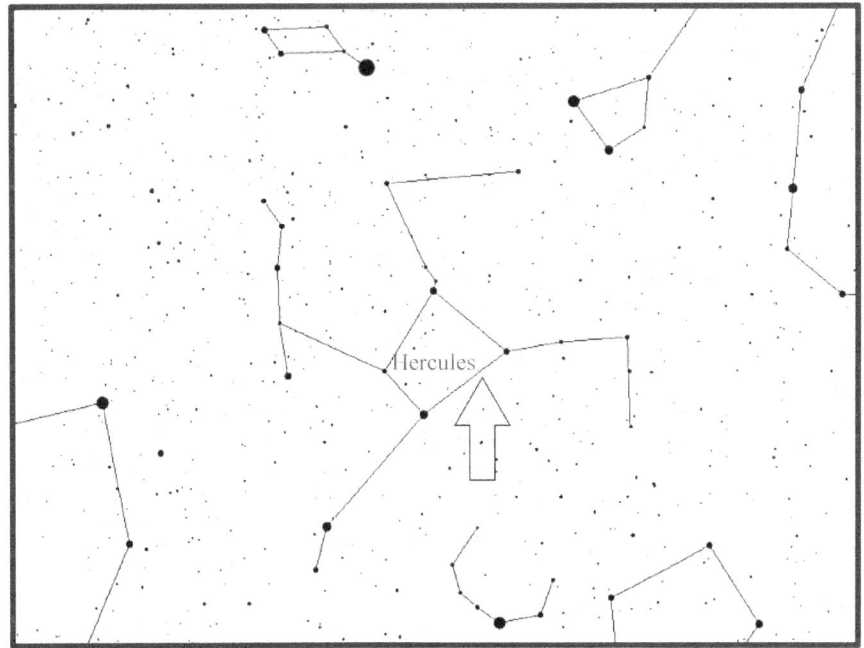

37

23. De Melkweg!

Als je een amateurastronoom bent (en als je eigenaar bent van een telescoop, dan ben je dat) en je kunt de Melkweg niet vinden, nou ja, dan heb je waarschijnlijk alleen maar een donkerdere hemel nodig! In feite maken alle sterren die je in de nachtelijke hemel ziet, deel uit van de Melkweg. Als iemand zegt dat ze de Melkweg zien, verwijzen ze normaal gesproken in feite naar het *vlak* van de Melkweg. Je kunt het vlak op de foto hieronder duidelijk zien.

Als je in een gebied woont waar lichtvervuiling is, kun je de vage witte veeg waaruit het vlak van de Melkweg bestaat, waarschijnlijk niet zien. In feite is het maximum aantal zichtbare sterren aan de hemel vanuit een grote stad ongeveer een dozijn. Als je op het platteland alle sterren zou willen tellen, zou je er op een maanloze nacht wel eens 6000 kunnen vinden. De Melkweg bevat tussen de 300 miljard en 400 miljard sterren! Daarom ziet het er in een echt donkere hemel uit als een witte veeg.

Als er sterren zichtbaar zijn, dan kijk je naar de Melkweg. Maar als je met je telescoop naar het vlak van de Melkweg kijkt, zullen de sterren veel dichter bij elkaar staan.

Eén van de manieren om het vlak van de Melkweg te verkennen is om bij de ene horizon te beginnen en naar de andere toe te werken, je weet maar nooit wat je zult vinden.

Moeilijkheidsgraad: 1 Supernova

Melkweg vanuit Hawaii. Foto van de Auteur.

24. Andromedanevel

Vóór de twintigste eeuw werd aangenomen dat de Melkweg het enige sterrenstelsel in het universum was! Astronomen noemden objecten die buiten de melkweg leken te staan "Eiland Universums", maar ze wisten niet helemaal zeker wat het waren. Pas nadat Edwin Hubble de afstand tot het Andromedastelsel nauwkeurig had bepaald, was het debat over het bestaan van Eiland Universums afgelopen. Voor Hubble geloofden veel astronomen dat Andromeda eigenlijk een nevel was en noemde het dus de Andromedanevel.

Het leuke aan het Andromedastelsel is dat het meer dan zes keer zo breed is als de volle maan! De enige manier om dit sterrenstelsel in volle omvang te zien is door fotografie met een lange belichting. Wanneer je het Andromedastelsel in je telescoop ziet, zie je alleen de lichte galactische kern, die er voor het oog uitziet als een mooi grijs vlekje.

Andromedanevel door een telescoop

Om de Andromedanevel te vinden, gebruik je het sterrenbeeld Cassiopeia (de Grote W) en let daarbij op de afstand tussen twee sterren die onderdeel zijn van de W, en telt dan drie van deze stukken af, zoals aangegeven in onderstaand schema.

Moeilijkheidsgraad: 3 supernova's. Hoewel de Andromedanevel met het blote oog te zien is, vind ik hem nog steeds relatief moeilijk te vinden. Dat komt omdat de meesten van ons in plaatsen wonen met teveel lichtvervuiling.

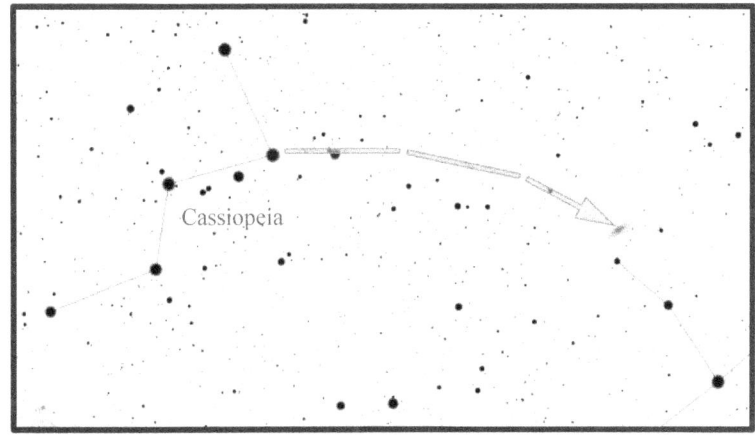

25. Kometen

Wat is de beste manier om erachter te komen of je een komeet kunt zien? Het nieuws lezen. Als kometen onze kant op komen wordt dat meestal wel opgepikt door de media. Maar er worden in de media vaak sterk overdreven claims gemeld over de helderheid (of een apocalyptische 'close encounter' met de Aarde). Ondanks de hype zijn er voor de toevallige hemelgluurder meestal maar een paar van deze kometen daadwerkelijk zichtbaar.

Kometen zijn geen vallende sterren. Kometen zijn ijsklompen ter grootte van een stad die met snelheden van meer dan honderdduizend kilometer per uur reizen. Zodra ze in de buurt van de zon komen, ontsnappen er gassen uit de komeet, wat een zichtbare staart van deeltjes creëert van miljoenen kilometers lang.

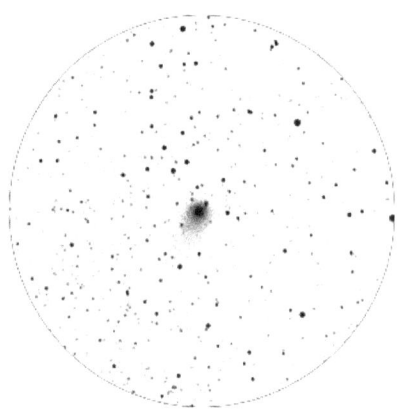

We zien kometen meestal op een afstand van honderden miljoenen kilometers. Hoewel ze zich dus met grote snelheid voortbewegen, zijn ze vaak wel een

Komeet door een telescoop

maand lang zichtbaar. Dat geeft de amateurastronoom genoeg tijd om ze te kunnen observeren.

Hoe kun je een komeet zien: astronomische websites en zelfs de media zullen opvallende verhalen plaatsen als er een komeet zichtbaar is in de nachtelijke hemel. De meeste van deze bronnen zullen tips geven over waar je moet kijken. Als de komeet zwak is, gebruik dan een verrekijker om de hemel volgens de kaart af te zoeken, en als je hem eenmaal hebt gevonden, ga je naar je telescoop om een kijkje te nemen.

Moeilijkheidsgraad: 2-5 supernova's, afhankelijk van de komeet, 2 als de komeet met het blote oog zichtbaar is, en 5 als je een nieuwe komeet ontdekt en hem een naam mag geven!

Komeet met het blote oog

26. Draco

Draco, ja, dit is weer zo'n halte langs de route van het astronomische Harry Potter-reisje. Maar omdat alle sterren in het sterrenbeeld Draco vrij zwak zijn, is dat niet de reden dat hij in dit lijstje staat.

Als je Latijn kent, dan weet je dat Draco draak betekent. Als je naar de constellatie kijkt, zul je het hoofd van de draak zien. En elk jaar in oktober ademt deze draak vuur! De Oktober Draconiden is de naam die gegeven wordt aan meteoren die vanuit de kop van de draak lijken te schieten.

Voor een leuke foto zet je je camera op een statief en neemt gedurende de hele nacht reeksen met een belichting van 30 seconden. Als je geen camera met handmatige belichting hebt, gebruik dan gewoon de instelling voor vuurwerk. Je zou misschien een nieuwswaardig foto van deze echte vuurspuwende draak kunnen maken.

Moeilijkheidsgraad: 1 Supernova voor het vinden van het sterrenbeeld, 4 supernova's voor het fotograferen van een meteoor.

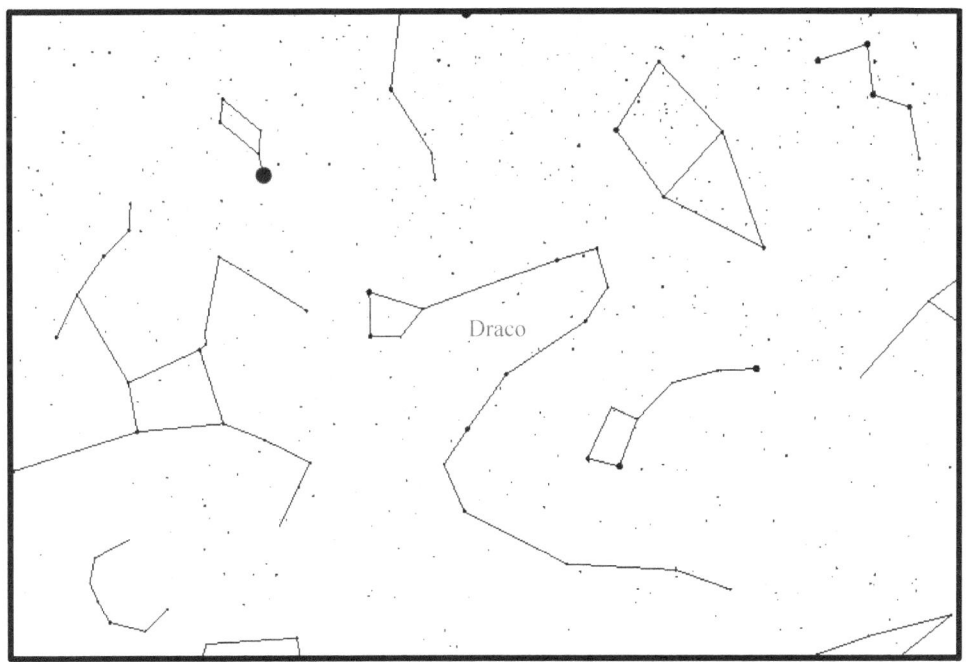

27. Helikopters en Straalvliegtuigen

Woon je in een gebied met hoge criminaliteit? Dat is bij mij zeker zo. De volgende keer dat de politie op zoek gaat naar de dader, gebruik je je telescoop om te zien of je de politiehelikopter van de nieuwshelikopter kunt onderscheiden.

Je zou denken dat het vreemd is om dit artikel op te nemen in een boek over astronomie, maar 's werelds beste astrofotografen zoals Thierry Legault gebruiken vliegtuigen om te oefenen bij de voorbereiding voor het spotten van snel bewegende objecten in de ruimte, zoals het Internationale Ruimtestation. Hier kun je het geweldige werk van Thierry vinden: http://legault.perso.sfr.fr/

Om een vliegtuig in je telescoop te zien, wil je graag een zo laag mogelijke vergroting gebruiken; daarvoor heb je je grootste oculair nodig. Gebruik de zoeker om het vliegtuig goed in beeld te krijgen en begin dan je telescoop te bewegen om hem in beeld te houden. Blijf hem volgen terwijl je van de zoeker naar het oculair overschakelt.

Een vliegtuig volgen is makkelijk of moeilijk, afhankelijk van het type montering dat je gebruikt. Een Lazy-Susan montering (een zogenaamde Dobsonian) zou optimaal zijn; terwijl een equatoriale montering moeilijk zal zijn omdat de beweging beperkt is.

Straalvliegtuigen volgen is voor kinderen een geweldige activiteit op een feestje voordat het donker wordt. Zorg ervoor dat de zon onder de horizon is, zodat je de telescoop niet per ongeluk in die richting wijst. Als ik met studenten werk, spelen we soms een spelletje om te zien wie kan raden van welke luchtvaartmaatschappij het vliegtuig is, en kijk dan door de telescoop om erachter te komen!

Moeilijkheidsgraad: 2 Supernova's

Space Shuttle Endeavour en Carrier Aircraft. Foto door de Auteur.

28. Het Internationale Ruimtestation

Het Internationale Ruimtestation, door de ruimtegemeenschap "ISS" genaamd, is op zijn minst een paar keer per week vanuit bijna elke plaats op aarde te zien. Het is 's ochtends vóór zonsopgang of 's avonds kort na zonsondergang zichtbaar.

Het met je telescoop bekijken van de Ruimtestation kan lastig zijn, vooral als je een equatoriale montering hebt, maar met een Dobson of tafelmodel kan het een relatief makkelijk doelwit zijn. Gebruik de NASA app voor je smartphone of een andere gratis ISS toepassing voor het volgen (zoals ISS Spotter voor de iPad), om uit te zoeken wanneer het Internationale Ruimtestation de volgende keer overkomt.

Om het ISS in jouw telescoop te zien, moet je een oculair gebruiken dat een gemiddelde vergroting geeft. Volg het station eerst in je zoeker en schakel dan over naar het oculair. Als je geluk hebt, moet je de zonnepanelen kunnen onderscheiden.

ISS. Author's Photo

Hoe is het mogelijk om zoveel detail te zien? Nou, het ISS zit in een baan op maar een paar honderd kilometer boven de Aarde en heeft de grootte van een voetbalveld. Dat betekent dat op de kortste afstand het station wel drie keer zo groot als Saturnus kan worden weergegeven!

Let op: Het ISS in de telescoop krijgen is veel gemakkelijker met twee mensen, één om het ruimtestation in de telescoop te krijgen en één om het station door het oculair te observeren.

Moeilijkheidsgraad: 4 Supernova's

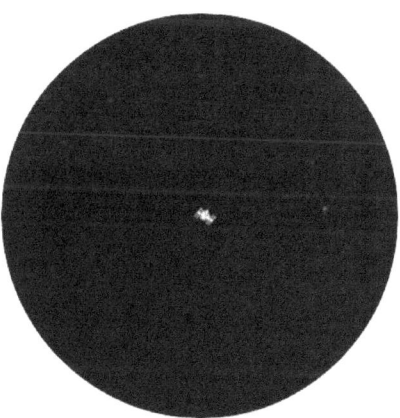

ISS door een telescoop
(Let op: het ISS gaat ERG snel)

29. Altair en de Zomerdriehoek

De Zomerdriehoek (of zoals mijn vrouw het noemt, "Het Lekkere Stukje Pizza") is een interessant gedeelte van de hemel, omdat het het vlak van ons melkwegstelsel overspant. Het is daarom gevuld met veel objecten om te ontdekken als je dieper de astronomie induikt, en naar een grotere telescoop overstapt.

De Zomerdriehoek is ook een andere manier om je weg te vinden rond een aantal belangrijke objecten in dit deel van de hemel. De Zomerdriehoek wordt bepaald door de drie sterren: Vega, Deneb en Altair.

Altair is waarschijnlijk de meest gebruikt ster in fictie. Een reden daarvoor is de nabijheid tot de aarde. Hij staat slechts 16,7 lichtjaar van ons vandaan en is daarmee een van de dichtstbijzijnde heldere sterren. In *Het Transgalactische Liftershandboek*, worden Altariaanse dollars gebruikt als valuta in het boek. Altair wordt ook in verschillende Star Trek afleveringen vermeld, evenals in *Star Trek, De Wraak van Khan*. Hij wordt ook in enkele afleveringen van *Doctor Who* genoemd.

Helaas zijn er nog geen planeten ontdekt die om Altair draaien. Dit kan echter nog veranderen met de lancering van een ruimteschip genaamd TESS (Transiting Exoplanet Survey Satellite), die in 2017 zal worden gelanceerd. TESS zal voortdurend zo'n twee miljoen van de dichtstbijzijnde sterren afspeuren op zoek naar aardeachtige planeten.

Moeilijkheidsgraad: 1 Supernova.

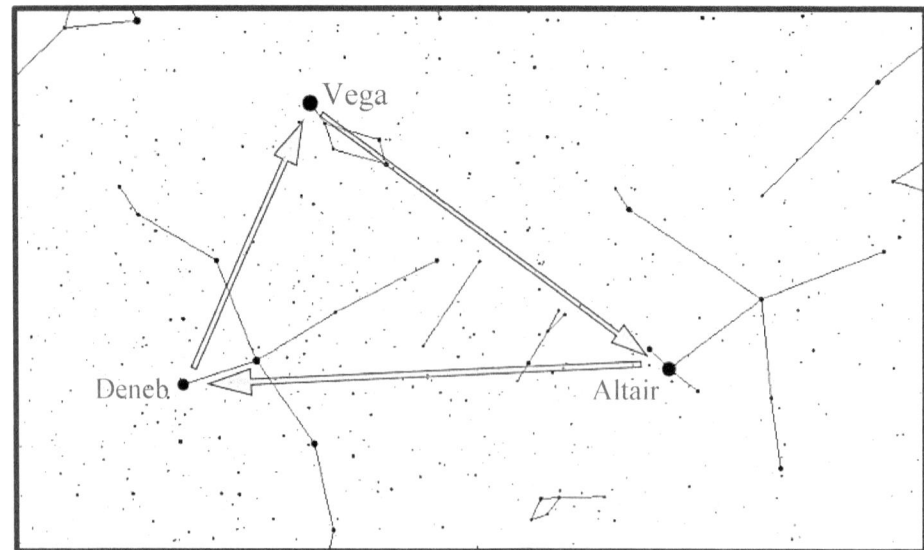

30. Stadsgezichten en Landschappen

Het richten van je telescoop op grondobjecten is een geweldige manier om de kracht van je telescoop te leren kennen. Toen ik vrijwilligerswerk deed bij een evenement op Mount Diablo in Californië, hebben we de telescoop eens gericht op San Francisco. Blijkbaar hadden de Giants zojuist hun wedstrijd gewonnen, en er was vuurwerk boven het stadion te zien! Zonder telescoop was dat niet te zien, dus alle kinderen die er die avond waren, verzamelden zich rond de telescoop en keken om beurten naar het vuurwerk!

De uitdaging met kijken naar grondobjecten is dat de meeste telescopen het beeld omkeren. Een aantal telescopen maakt daarom gebruik van een "omkeer"-lens om alles weer rechtop te krijgen.

Landschappen worden geweldige doelen voor de telescoop als je op een campingtrip bent of als je hem voor zonsondergang hebt opgesteld. Waarom denk je dat zoveel toeristische bestemmingen vast gemonteerde telescopen of verrekijkers hebben staan bij elk uitkijkpunt?

Als je in het Yosemite Park bent, bekijk dan de klimmers die El Capitan beklimmen! Als je bij het Lava Beds Nationaal Monument kampeert, bezichtig dan eens de vele kilometers aan vulkanisch gesteente. Kampeer je op het strand? Gebruik je telescoop om de schepen die op zee zijn te observeren.

Je zou zelfs wel eens een walvis kunnen zien!

Moeilijkheidsgraad: 1 Supernova.

Golden Gate Bridge vanaf Mount Diablo. Foto door de Auteur.

31. Vogels

Persoonlijk weet ik niet erg veel over vogels, maar sommige mensen kopen hun telescoop met het oog op vogels kijken. Sommige kleine telescopen, zoals de Meade ETX 60, hebben een aparte camera-aansluiting, specifiek voor dat doel.

Een van de mooie dingen aan het met een telescoop bekijken van vogels is de diepte van het beeld. Scherptediepte is een term die in de fotografie wordt gebruikt om de mate waarin het onderwerp scherp in beeld komt aan te geven. Bij het met een telescoop bekijken van een vogel in een boom, zal alleen de vogel scherp zijn. Dit komt omdat de telescoop van nature een "ondiepe" scherptediepte heeft.

Telescopen zijn het beste om vogels te bekijken die ver weg zijn; anders zou het beter zijn om een verrekijker te gebruiken. Volgens een snelle zoekopdracht op het internet zijn de beste vogels om door een telescoop te bekijken, waterwild in het open veld of zeevogels.

Moeilijkheidsgraad 2 supernova's, als er veel vogels zijn. 4 supernova's als er heel weinig vogels zijn.

Vogel in Berkeley. Foto door de Auteur

46

32. De Halternevel (M27)

De Halternevel, in het jaar 1764 ontdekt door de Franse astronoom Charles Messier, was de eerste planetaire nevel die ooit werd ontdekt. Hij heeft van alles wat er in dit boek staat ook de grootste schijnbare grootte. Onderstaande foto toont de schijnbare grootte ten opzichte van de maan.

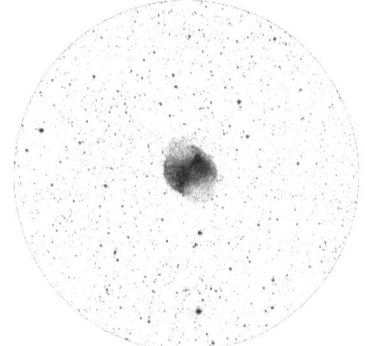

De nevel bevindt zich in de zomerdriehoek tussen de sterrenbeelden Vulpecula en Sagitta.

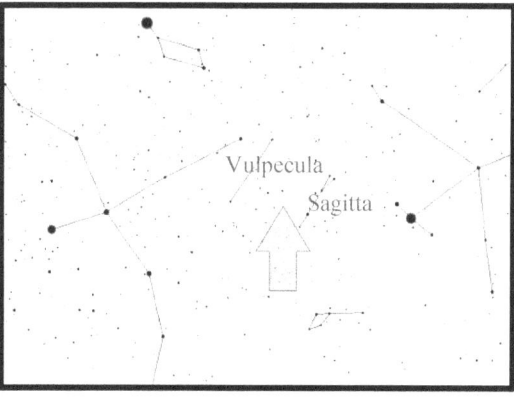

De Halternevel door een telescoop

Interessant is dat de Halternevel tot 1833 nog geen naam had gekregen, toen astronoom Sir. John Herschel deze aantekening maakte:

"Een nevel in de vorm van een halter, met de elliptische omtrek afgerond door een zwak, nevelachtig licht."   Moeilijkheidsgraad: 3 Supernova's

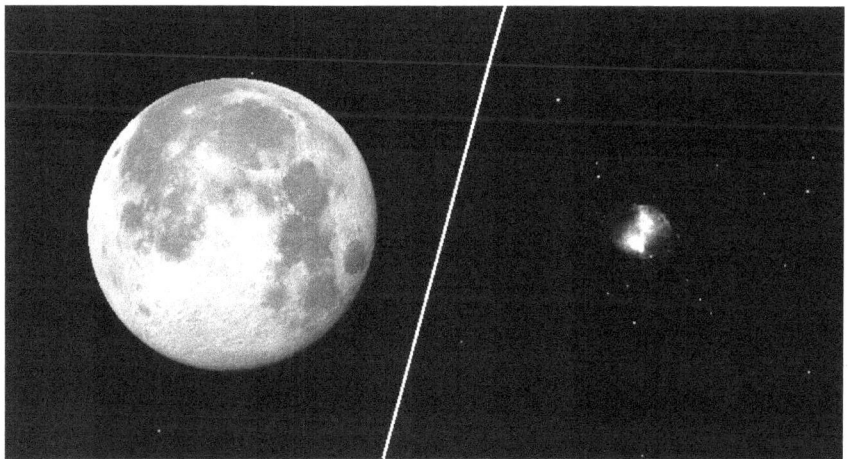

Maan en M27 met dezelfde vergroting

33. Albireo

Albireo is beslist een favoriet op een sterrenfeestje. Dat komt omdat je een groot contrast kunt zien tussen de twee kleuren van de sterren. Albireo zelf is een gele ster, maar het is ook een dubbelster met een blauwe begeleider. Deze sterren worden respectievelijk Albireo A en Albireo B genoemd.

Albireo is te vinden aan de voet van het Noorderkruis, dat eigenlijk niet een sterrenbeeld is, maar een asterisme (een asterisme is een gemakkelijk herkenbare groep sterren, die geen officiële constellatie is. Nog een voorbeeld van een asterisme is de Grote Beer). Dit sterrenbeeld heet eigenlijk Cygnus, De Zwaan. Cygnus is vooral een zomer- en herfstconstellatie.

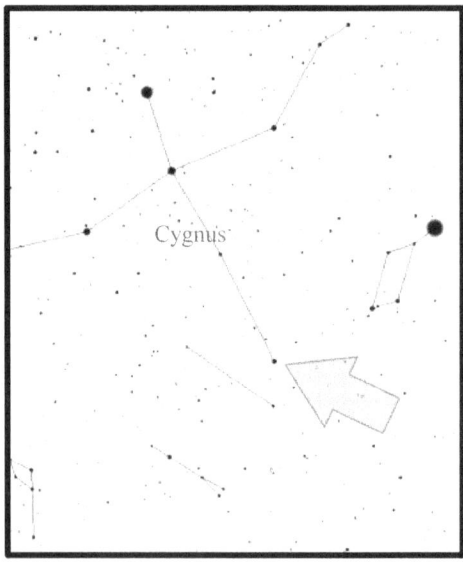

Moeilijkheidsgraad: 2 Supernova's

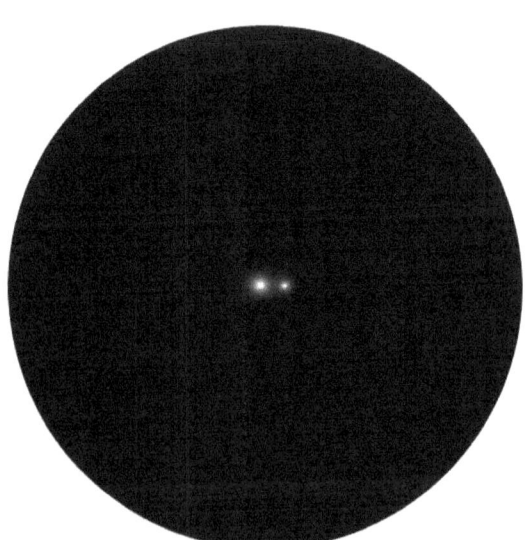

Albireo door een telescoop (In deze afbeelding staat de gele ster aan de linkerkant)

48

34. Mizar & Alcor

Je hebt geen behoefte aan optometristen als je deze twee sterren in het vizier hebt. Het zien van deze sterren in de Grote Beer, die de bijnaam "Paard en Ruiter" kregen, werd gebruikt als test van het gezichtsvermogen! Maar tegenwoordig kunnen de meeste mensen deze twee sterren met gecorrigeerde lenzen onderscheiden.

Deze sterren vormen het centrum van het handvat van de Grote Beer. Let bij het observeren van deze sterren eerst op de dubbele sterren die met het blote oog zichtbaar zijn, en kijk dan weer naar beide sterren, maar dan door de telescoop. Je zult merken dat de helderste van de twee sterren in feite ook een dubbele ster is!

Moeilijkheidsgraad: 2 Supernova's

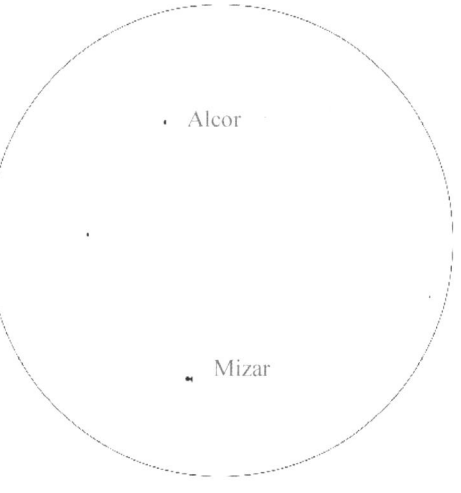

Mizar en Alcor door een telescoop

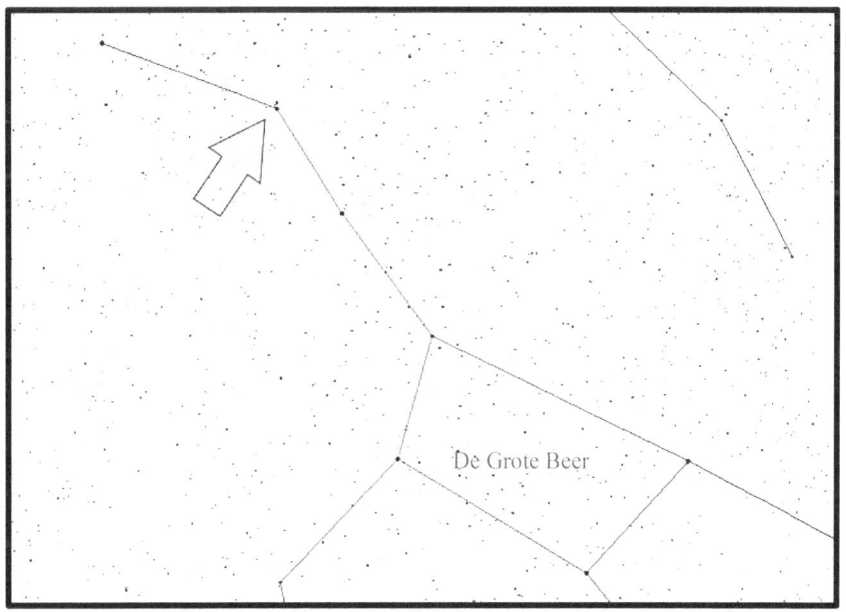

35. Dubbele Cluster in Perseus

Deze sterrenclusters zijn om twee redenen opmerkelijk. Ten eerste zijn ze vanaf het noordelijk halfrond gemakkelijk te vinden, omdat ze de meeste avonden van het jaar boven de horizon staan. Ten tweede komt elk jaar in het midden van augustus de Perseïden Meteorenzwerm vanuit dit deel van de hemel.

Sterrenclusters zijn geweldig om te laten zien hoeveel sterren er wel niet zijn! Om de dubbele cluster in Perseus te vinden, kijk je naar Cassiopeia (de grote W) en je zult de clusters vinden linksonder de W (of rechtsboven een grote M, afhankelijk van de tijd en het seizoen).

Moeilijkheidsgraad: 2 supernova's

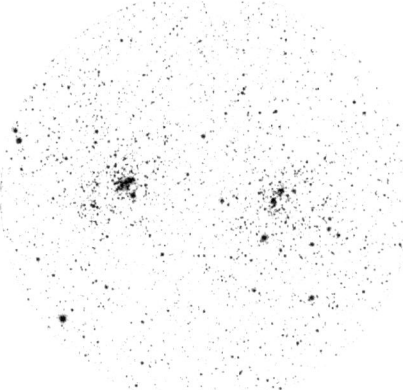

Dubbele Cluster door een telescoop

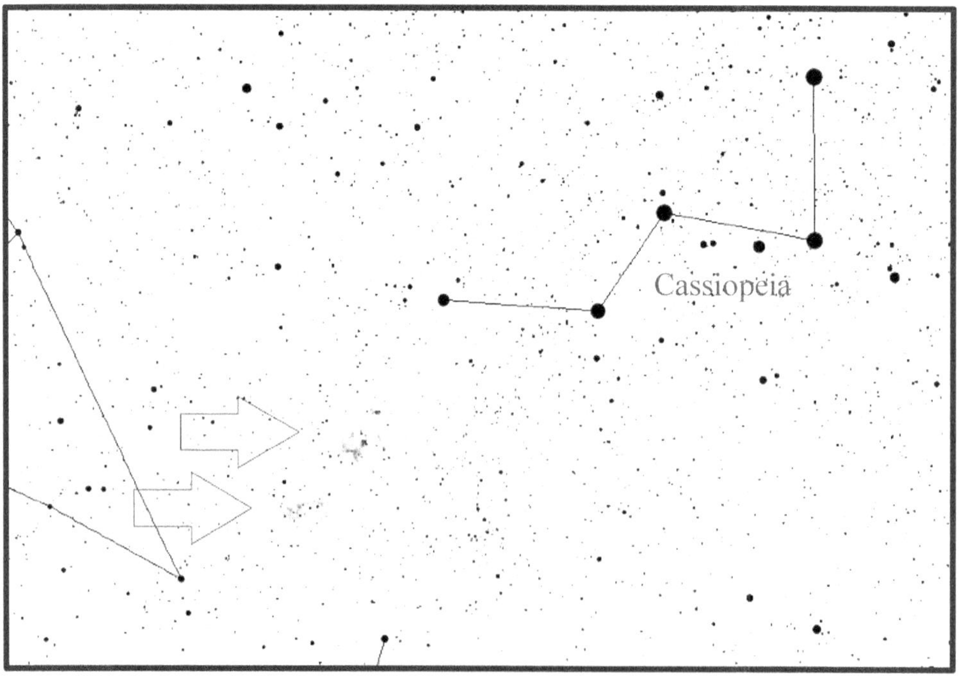

36. Wega

Ja, de thuisplaneet van Jodie Foster; grapje (De buitenaardse radioantenne uit het boek en de film *Contact* staat op Wega).

Wega was ongeveer twaalfduizend jaar geleden de Poolster en zal dat over ongeveer twaalfduizend jaar vanaf nu weer zijn. Dat komt door de precessie van de aarde om zijn as.

Precessie is een eigenschap van roterende objecten. Je kunt de precessie rechtstreeks waarnemen bij het ronddraaien van speelgoed, zoals een gyroscoop of een tol. Een gyroscoop zal volgens een vloeiende wiebeling gaan precesseren, als je er tegenaan tikt. De precessie van de Aarde wordt voornamelijk veroorzaakt door de invloed van de zwaartekracht van de Zon en de Maan.

Wega is de helderste ster in het sterrenbeeld Lyra, en is tijdens de zomer hoog aan de hemel te zien. Ook de beroemde Ringnevel (zoals in de volgende paragraaf besproken) staat in deze constellatie.

Moeilijkheidsgraad: 1
Supernova

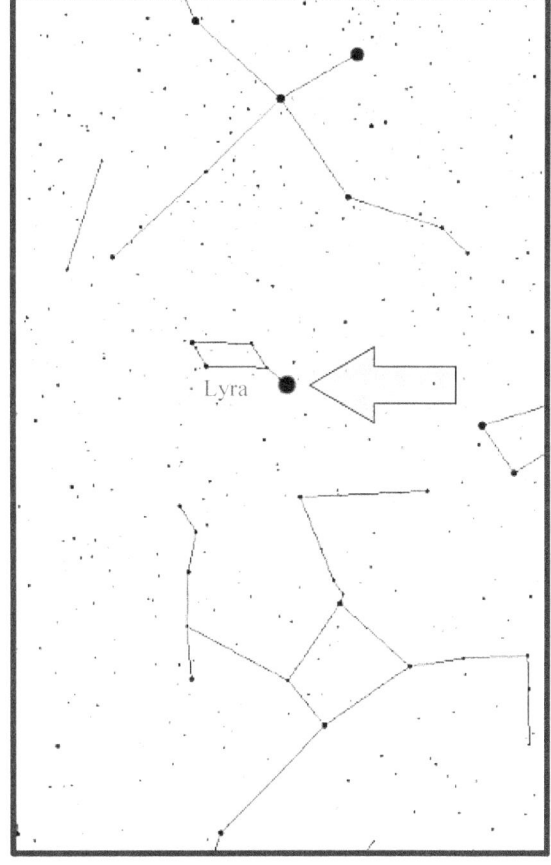

37. De Ringnevel

De Ringnevel is in je telescoop ongeveer zo groot als Jupiter, maar lang niet zo helder. Met een kleine telescoop is de uitdaging om het gat in de ring duidelijk te zien. Om het centrum van de ring te bekijken, heb je een telescoop met een lens of spiegel van ten minste 10 cm (4 inch) diameter nodig.

Deze Nevel werd gevormd toen een Rode Reus de buitenste schil van geïoniseerd gas afstootte, waardoor er slechts een witte dwergster overbleef waar ooit de Rode Reus was.

Om de Ringnevel te vinden, richt je de telescoop tussen de sterren *Sheliak* en *Sulafat* in het sterrenbeeld Lyra.

Moeilijkheidsgraad: 3 Supernova's

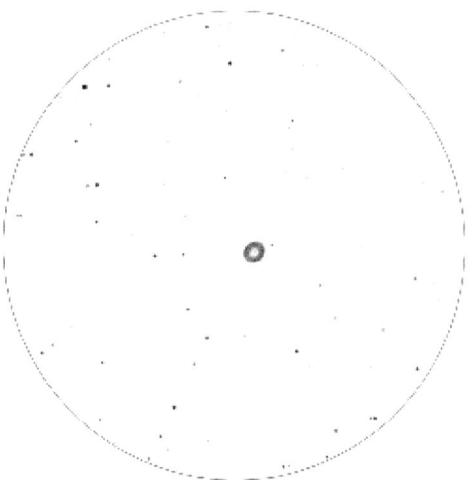

Ringnevel door een telescoop

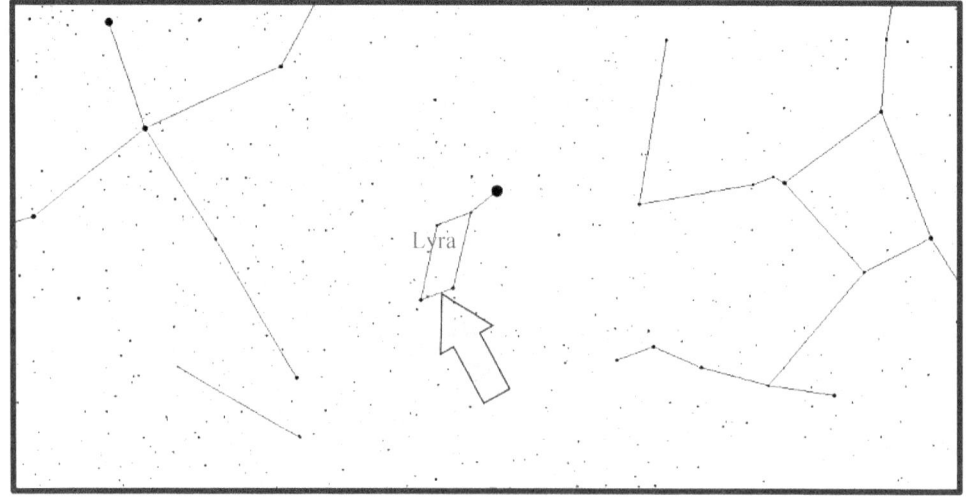

38. Meteoren, Meteorieten en meteoroïden!

Meteoren, Meteorieten en meteoroïden! Zelfs ik haal deze termen door elkaar! Een "vallende ster" is een meteoor. Een goede manier om het te onthouden is dat we "meteorenregens" hebben, geen meteorietenregens. Een ruimterots wordt alleen een meteoriet genoemd, als het de grond raakt. Een meteoroïde is de term voor de rots zelf, voordat deze de atmosfeer binnenkomt. Je zult waarschijnlijk nooit een meteoroïde in de telescoop zien, vanwege hun geringe omvang. Als het groter dan een meter is, zou het meestal als een asteroïde worden geclassificeerd.

Als je ook maar een beetje aan sterrenkijken doet, zul je meer dan genoeg meteoren zien, dat garandeer ik je. Afgelopen vrijdag nog was ik in Walnut Creek, Californië bezig met een schoolgroep, toen een erg heldere meteoor door het stukje hemel vloog waar we allemaal naar keken. Je kon de meteoor uiteen zien vallen en na een paar seconden uitdoven.

De meeste meteoren zijn kleiner dan een golfbal! Je kunt ze zien, omdat ze zich met een snelheid van tientallen kilometers per seconde bewegen en wanneer deze deeltjes de atmosfeer raken, verbranden ze heel helder.

Je zult zelfs meteoren in je telescoop zien! Je kunt het zien van een meteoor niet plannen, maar met voldoende zoektijd zal er vast wel eentje door je gezichtsveld gaan.

Moeilijkheidsgraad: 1 Supernova zonder telescoop, 3 supernova's als je het geluk hebt dat een meteoor je gezichtsveld kruist terwijl je door je telescoop kijkt.

Auteur die een meteoriet vasthoudt

53

39. Asteroïden Ceres en Vesta

Je weet misschien van de asteroïdengordel tussen Mars en Jupiter, maar de meeste mensen realiseren zich de leegte ervan niet. Zelfs in de asteroïdengordel is de ruimte nog steeds heel erg leeg. De massa van Ceres maakt een derde uit van de gehele asteroïdengordel. En de massa van alle asteroïden is minder dan 4% van de massa van onze maan!

In 2006 heeft de Internationale Astronomische Unie Ceres geherclassificeerd als dwergplaneet (net als Pluto). Vesta is vanwege de kleinere massa geclassificeerd als planetoïde.

Vesta gefotografeerd door het Ruimtevaartuig Dawn

Beide objecten zijn echter klein genoeg en op voldoende afstand, om er in je telescoop als sterren uit te zien. Ceres en Vesta kunnen in zeer donkere hemel zelfs zonder telescoop worden gezien.

Om Ceres en Vesta te zien, gebruik je astronomische software, net zoals je dat bij een planeet zou doen. Zodra je de locatie van het asteroïde hebt gevonden, noteer je de stand van de omringende sterren en richt de telescoop in die richting. Als je niet zeker weet welk lichtpuntje de asteroïde is, teken dan de locatie van de helderste sterren in dat gebied. Als je over een paar dagen die locatie weer observeert, is de asteroïde het object dat zich heeft verplaatst.

Moeilijkheidsgraad: 4 supernova's

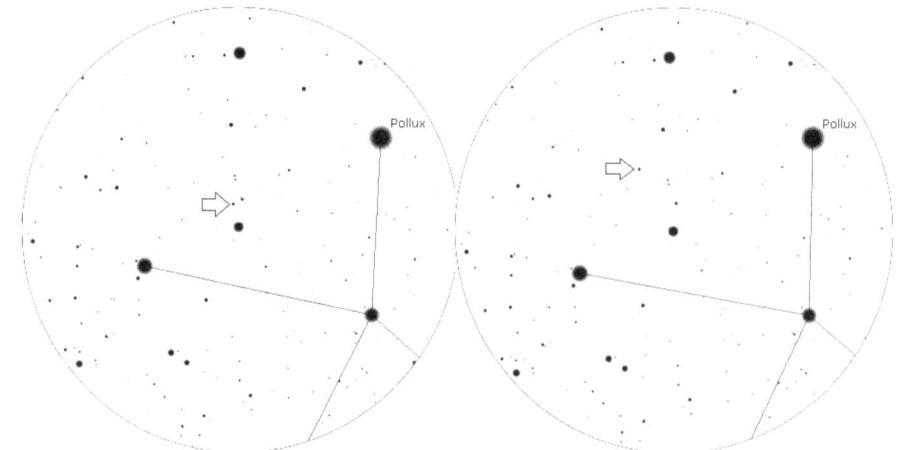

Verplaatsing van Vesta van de ene nacht naar de volgende

40. De Draaikolknevel (M51)

De Draaikolknevel, ofwel de M51, is met een kleine telescoop of verrekijker gemakkelijk te vinden, maar alleen op maanloze nachten wanneer je ver weg bent van de stadslichten. Dit melkwegstelsel wordt vergezeld door een begeleidend kleiner melkwegstelsel dat NCG 5191 of M51b wordt genoemd. De gravitationele interactie tussen deze twee structuren geeft de Draaikolknevel haar specifieke spiraalvorm.

Astronomen hebben ontdekt dat de meeste grote sterrenstelsels een superzwaar zwart gat in hun centrum hebben. Maar uit observaties van M51 door de Hubble telescoop blijkt dat er een duidelijk X-vormig patroon rond het zwarte gat van dit sterrenstelsel zit. De ene balk van de X bestaat waarschijnlijk uit stof dat rond het zwarte gat cirkelt. De tweede balk van de X zou stof kunnen zijn dat met een kegel van geïoniseerde deeltjes interageert. Er is meer observatie nodig voordat astronomen een wetenschappelijke consensus zullen bereiken.

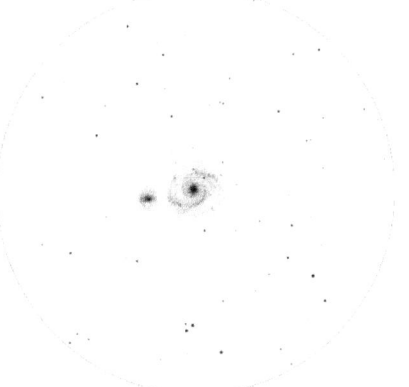

Er zijn in 1994, 2005 en 2011 ook supernova's in dit stelsel waargenomen.

Om de Draaikolknevel te vinden, kun je een onder het handvat van de Grote Beer een rechthoekige driehoek vormen, zoals hieronder aangegeven.

De Draaikolknevel door een telescoop

Moeilijkheidsgraad: 4 Supernova's

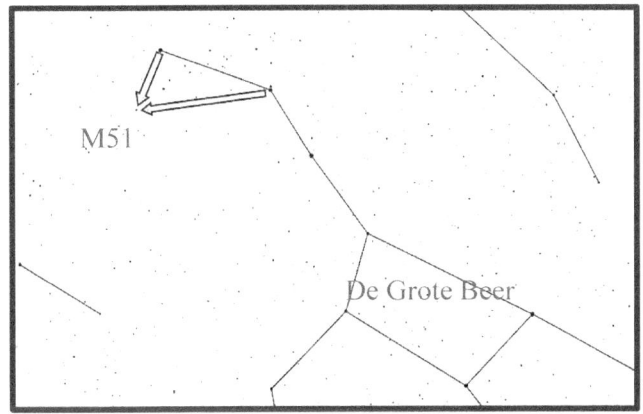

41. Boogschutter Deepsky Objecten

Zelfs als amateurastronoom ben ik niet gewend de complete Boogschutter constellatie te zoeken. Gelukkig is er een asterisme (officieus sterrenbeeld) genaamd de Theepot, die ik als Boogschutter beschouw (zie afbeelding).

De Boogschutter is een geweldige plek om deepsky objecten (objecten buiten ons zonnestelsel) te verkennen, omdat het in de richting van het centrum van ons Melkwegstelsel ligt. Dit is een geweldige plek om gewoon zonder kaarten te verkennen, omdat er een goede kans is op het vinden van een van de vele interessante objecten zonder je druk te maken over sterrenkaarten.

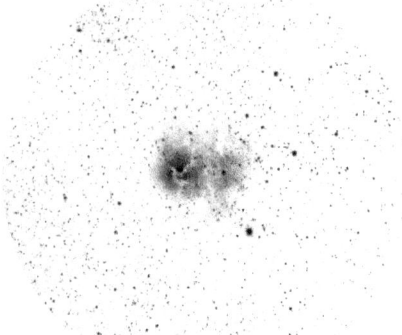

In de omgeving van de Theepot zou je misschien de Lagunenevel, de Omeganevel en de Trifidnevel kunnen vinden.

Om alle mooie dingen in Boogschutter te vinden, gebruik je een oculair zonder veel vergroting aangezien de meeste objecten die je vindt vrij groot zijn. Scan het gedeelte rechtsboven de theepot om nevels te vinden, en scan de rest van de Theepot voor sterrenhopen.

Trifidnevel gezien door een telescoop

Moeilijkheidsgraad: 3 supernova's

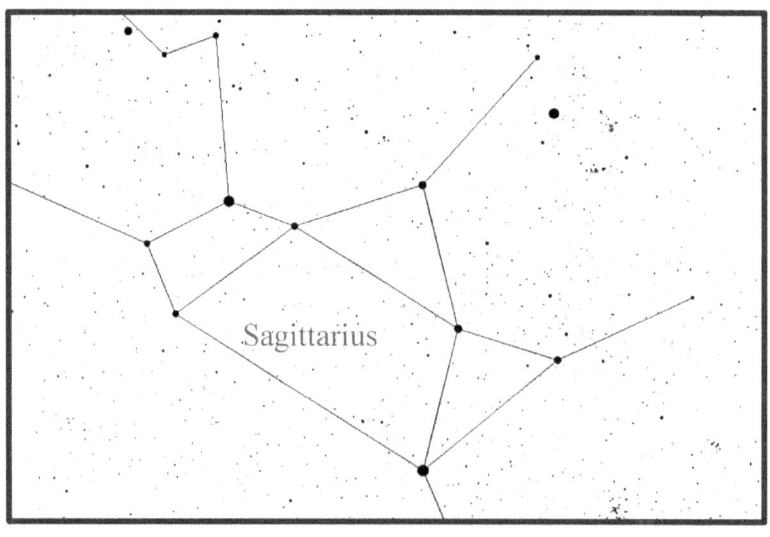

Sagittarius

42. M81 en M82

Na Andromeda zijn M81 en M82 de twee sterrenstelsels die het gemakkelijkst te vinden zijn. M82 wordt meestal aangeduid als het Sigaarstelsel, omdat het daar vanaf de aarde op lijkt. M81 wordt ook wel het Bodestelsel genoemd, maar dat is niet een naam die ik erg vaak hoor.

M81 is met name interessant voor professionele astronomen, omdat er in het midden een gigantisch zwart gat zit met een massa van 70 miljoen keer die van onze zon!

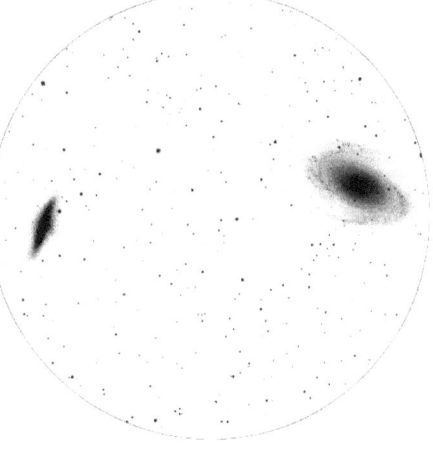

Om deze sterrenstelsels te kunnen zien, moet je een oculair gebruik met een lage vergroting. Met de Grote Beer als gids, trek je een lijn tussen de linker onderkant van de beker van de Grote Beer en de tuit. Verleng dan deze lijn vanaf de tuit en je komt uit op de locatie van deze sterrenstelsels.

M81 en M82 gezien door een telescoop

Moeilijkheidsgraad: 4 Supernova's

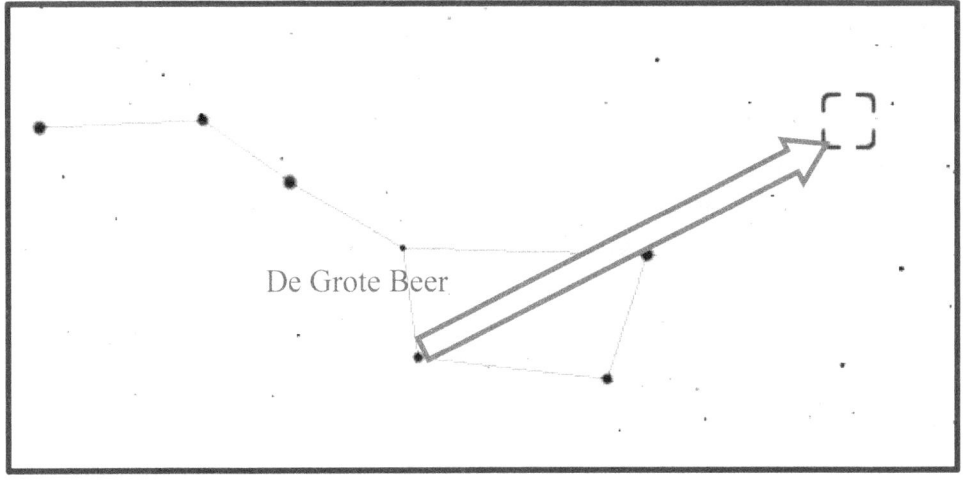

De Grote Beer

43. Uranus

Voor het Engels sprekende publiek is het meest interessante aan Uranus de naam, die qua uitspraak overeenkomt met een bepaald nogal persoonlijk onderdeel van de menselijke anatomie. Hoewel het voor sommige mensen grappig klinkt, is naam heel erg logisch. Saturnus is de vader van Jupiter, en op dezelfde manier is Uranus de vader van Saturnus.

Omdat Uranus zo ver van de zon staat, zal hij ons hele leven in min of meer hetzelfde deel van de hemel blijven staan. In de eenentwintigste eeuw zal de vroege herfst de beste tijd zijn om hem te bekijken.

Om Uranus te vinden moet je eerst je astronomie-software raadplegen om de exacte locatie te vinden. Om hem te vinden gebruik je eerst een oculair met lage vergroting, en gaat dan naar een oculair met hogere vergroting om de planeet en meer van de kleur van de planeet te zien.

Moeilijkheidsgraad: 4 Supernova's

Uranus gefotografeerd door het Ruimtevaartuig Voyager 2

44. Neptunus

Nu Pluto door de Astronomische Unie is gedegradeerd tot "dwergplaneet", is Neptunus de verste planeet vanaf de zon (in ons zonnestelsel). Net als bij alle andere planeten in het Zonnestelsel, met uitzondering van de aarde, is deze planeet vernoemd naar een Romeinse god, in dit geval de God van de Zee.

Neptunus is erg zwak, één van de zwakste objecten in dit boek. Maar aangezien hij blauw is, kan hij van achtergrondsterren worden onderscheiden. Gebruik net als bij Uranus een oculair zonder veel vergroting om de planeet te vinden. Gebruik vervolgens een oculair met hoge vergroting om een beter zicht te krijgen. Let op, alleen telescopen die zes inch of meer in diameter zijn kunnen Neptunus vergroten tot een schijfje. Kleinere telescopen zullen de planeet weergeven als een lichtpuntje.

Moeilijkheidsgraad: 4 Supernova's

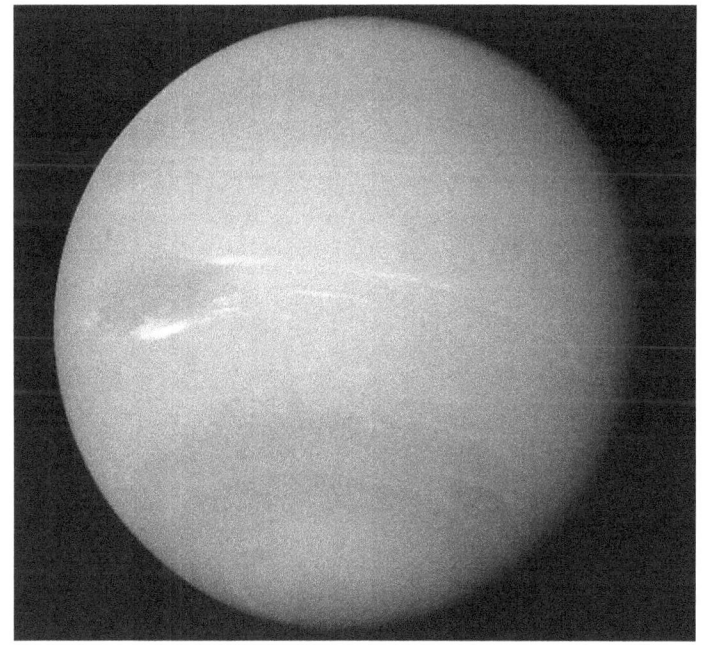

Neptunus gefotografeerd door het Ruimtevaartuig Voyager 2

45. Mercurius

Als gevolg van de extreme nabijheid van Mercurius tot de zon, kan deze planeet erg lastig zijn om goed in beeld te krijgen. Hij verschijnt soms alleen een paar dagen per jaar aan de avondhemel. Net als met Venus zie je Mercurius in fasen. Deze fasen hebben grote invloed op de helderheid. Wanneer Mercurius zichtbaar is, is hij alleen een erg korte tijd vlak voor zonsopgang en net na zonsondergang zichtbaar.

Om de beste tijd te bepalen om Mercurius te zien, gebruik je astronomie-software zoals Stellarium. Klik en vergrendel (druk op de spatiebalk) Mercurius. Gebruik de software vervolgens om snel vooruit te spoelen totdat Mercurius na zonsondergang boven de horizon staat. Of gebruik de astronomiewebsites om een melding te krijgen.

Als je Mercurius door je telescoop observeert, lijkt hij extreem helder en zelfs te glinsteren alsof hij in brand staat. De schijnbare helderheid van Mercurius is te danken aan de nabijheid van de zon, maar het glinsteren komt doordat hij zo dicht bij de horizon staat. Wanneer je objecten bekijkt die laag aan de hemel staan, kijk je door meer atmosfeer dan wanneer de objecten hoger staan. Het is de atmosferische vervorming die een object zijn glans geeft.

Moeilijkheidsgraad: 4 supernova's.

Mercury gefotografeerd door het Ruimtevaartuig Messenger

Mercurius door een telescoop

46. Ster-Maan Verduistering

Verduisteringen treden op als een object in de ruimte achter een andere schuilgaat. Zoiets als een zonsverduistering. De meest voorkomende verduistering vindt plaats wanneer de maan voor een heldere ster schuift.

Gedeeltelijke verduisteringen zijn meestal het interessantst; dat gebeurt wanneer een ster, gezien vanaf jouw locatie, net het oppervlak van de maan raakt. Tijdens een gedeeltelijke verduistering is het niet ongewoon dat de ster in en uit het zicht raakt wanneer hij tussen de bergketens of dalen op het oppervlak van de maan door beweegt.

Dat is een geweldige kans om de "tijd" functie van je astronomiesoftware te gebruiken. Om erachter te komen wanneer een verduistering zal plaatsvinden (zonder astronomische kranten, tijdschriften of websites te raadplegen) open je gewoon de astronomiesoftware en selecteert de maan.

Nadat je de maan hebt geselecteerd, moet je het midden van het scherm vastzetten (probeer het met de spatiebalk als je "Stellarium" gebruikt). Met behulp van de tijdfunctie kun je de "uren" vooruit laten lopen. Je ziet dan de sterren in de achtergrond racen, terwijl de maan op zijn plaats blijft. Je moet misschien een paar weken vooruit springen voordat je de maan een heldere ster ziet verduisteren. Noteer dat alvast in je agenda en stel een herinnering in voor 30 minuten of zo voordat de ster achter de maan verdwijnt.

Moeilijkheidsgraad: 4 Supernova's

47. Planeet-Maan Verduistering

Nogmaals, een verduistering treedt op wanneer twee dingen op één lijn staan, zodat vanuit het perspectief van de waarnemer de een de ander afdekt. Als Saturnus bijvoorbeeld achter de maan staat, zou je zeggen, "Saturnus wordt door de maan bedekt" (dat klinkt bijna alsof het een misdaad zou zijn).

Om een planetaire verduistering te vinden, gebruik je dezelfde techniek als voor de sterverduistering. Met de maan in de software geselecteerd, zet je de tijd een paar dagen, weken of maanden vooruit, totdat de maan direct voor een planeet langs gaat. Vervolgens stel je een herinnering in, en wacht tot de gebeurtenis plaatsvindt.

Een foto ervan maken met een smartphone is lastig, maar niet onmogelijk. Om een foto met je smartphone te maken, plaats je de camera voor het oculair en tikt vervolgens op het beeld van de maan. Dat moet de scherpstelling en belichting instellen. Vervolgens neem je de foto! Als je een goede foto krijgt, post hem dan direct op www.spaceweather.com. Door hier te posten komt je foto wellicht op CNN of andere belangrijke nieuwsnetwerken!

Moeilijkheidsgraad: 4 Supernova's

48. De Krabnevel (M1)

Op de vierde juli van het jaar 1054 vond iets bijzonders plaats. Nee, dat was niet de viering van Onafhankelijkheidsdag in Amerika, dat zou nergens op slaan. Op deze dag hebben Chinese astronomen vastgelegd wat zij dachten dat een nieuwe ster was, een ster die helderder was dan Venus! Na een paar weken was de nieuwe ster afgezwakt, maar nog steeds bijna twee jaar lang zichtbaar, en op dat punt was de ster bijna verloren gegaan in de geschiedenis.

Het verhaal zou daar geëindigd kunnen zijn, maar in 1731, bijna zevenhonderd jaar later, nam een Britse astronoom genaamd John Bevis op exacte die plek een vlekje waar. Bijna drie decennia later voegde een Franse kometenjager genaamd Charles Messier dit "vlekje" toe aan zijn (nu beruchte) catalogus met objecten die "Zeker geen kometen" waren. Messier gaf het object de naam "M1." Met andere woorden, de vlek was het eerste object in zijn lijst met "Niet-kometen."

We weten nu dat de Krabnevel een overblijfsel is van een Supernova. De Chinezen zagen de eigenlijke supernova, de gewelddadige explosie van een ster. Als je nu door je telescoop kijkt, zie je de voortdurende explosie van stof en gassen die met bijna vijf miljoen kilometer per uur door de ruimte schieten.

Zoek in het gebied vlak boven het hoofd van Orion om de Krabnevel te vinden.

Moeilijkheidsgraad: 3 Supernova's

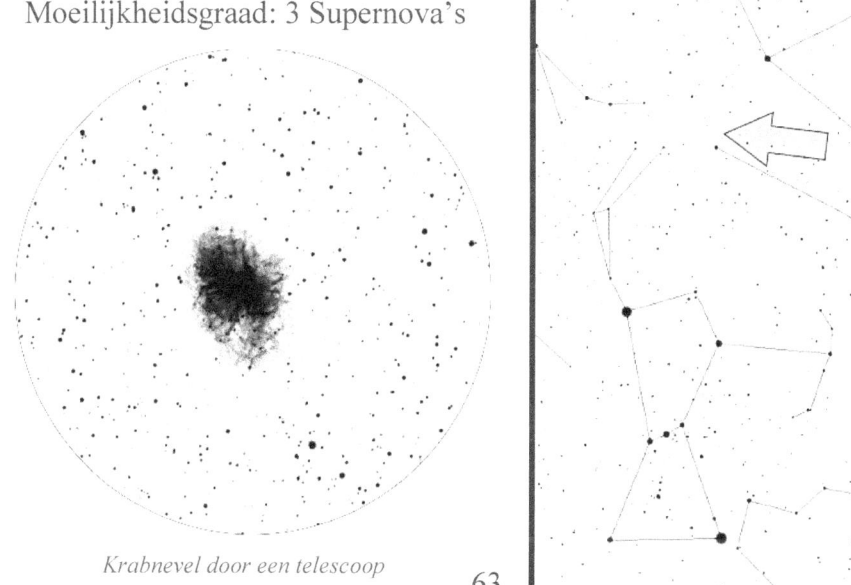

Krabnevel door een telescoop

63

49. Iridium Satelliet Flares

Gezien vanaf de Aarde is een normale satelliet in een baan om de aarde ongeveer net zo helder als een zwakke ster. Satellieten worden vaak waargenomen als ze kort na zonsondergang of voor zonsopgang snel door de hemel bewegen. Maar als die satelliet een Iridium Communicatiesatelliet is met meerdere platte en glanzende antennes, dan staat je een traktatie te wachten!

De eenvoudigste manier om de flares van Iridium satellieten te herkennen is door het downloaden van een telefoonapp als Sputnik: http://sputnikapp.info De app geeft je een prognose voor jouw locatie en stuurt je een waarschuwing wanneer er een flare op het punt staat plaats te vinden.

Je hoeft geen telescoop te hebben om deze flares te zien, maar het zou toch wel leuk zijn om een telescoop gebruiken. En het bekijken van bewegende objecten in de ruimte is een goede oefening voor als je iets uitdagenders wilt bekijken, zoals een asteroïde die in de buurt van de aarde komt of het Internationale Ruimtestation.

Moeilijkheidsgraad: 3 supernova's.

Iridium Flare boven San Francisco. Foto van de Auteur.

50. Supernova

Als je naar Andromeda kijkt (of een ander sterrenstelsel als je dat kunt zien) en beseft dat er zich een nieuwe "ster" in bevindt, dan heb je misschien wel een supernova gevonden! Supernova's ontstaan wanneer een ster ontploft en geeft genoeg energie af om het licht van een heel melkwegstelsel te overtreffen.

Het zoeken naar supernova's is zeker iets dat tot het terrein van de amateursterrenkunde behoort. Maar de manier waarop, verdient een boek dat veel groter is dan dit. In het kort worden er, als een ster een supernova wordt, in de uren voorafgaand aan de explosie deeltjes genaamd neutrino's uitgestoten. Deze neutrino's worden door instrumenten rond de aarde gedetecteerd, en geven daardoor bij benadering de locatie van de supernova weer. Er gaat via het internet een bericht uit aan de leden van de astronomische gemeenschap en de jacht is geopend! Als jij de enige bent die de supernova heeft geobserveerd, dan komt jouw naam in het nieuws.

Maar als de supernova al is ontdekt, dan kun je de locatie van de nieuwe supernova vinden op een website zoals http://www.skyandtelescope.com en proberen om hem zelf te gaan bekijken!

Moeilijkheidsgraad: 5 Supernova's

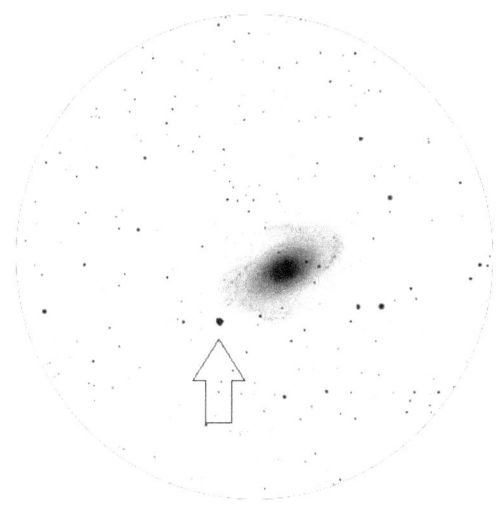

Supernova door een telescoop

51. UFO's

Elk jaar worden er tienduizenden UFO-waarnemingen gerapporteerd. Deze zijn meestal vastgelegd door mensen die niet gewend zijn aan het observeren van de hemel, of die hun film of camerabeelden bekijken en iets zien dat ze niet begrijpen.

UFO-waarnemingen kunnen vaak worden verklaard door gewone optische illusies, of fenomenen binnenin de camera-apparatuur. Maar het is nog wel spannend om iets te observeren dat je niet begrijpt. Veel mensen in de Verenigde Staten wonen in de buurt van militaire bases en zien regelmatig dingen in de lucht die niet verklaarbaar zijn.

Ik zag mijn eerste "UFO" toen ik als een jonge jongen kranten rondbracht. Ik stond om 5 uur 's morgens naast het veld van een boer toen een helder licht van achter een verre heuvel omhoog kwam. Ik stopte en keek hoe het felle licht in omvang groeide totdat het me bijna verblindde. Nog eens vijf minuten lang bleef het licht in de lucht heen en weer bewegen. Vervolgens vloog de UFO (een Dash 8 serie 100 vliegtuig) over me heen, met het voorste licht in een nieuwe richting wijzend.

Moeilijkheidsgraad: 0 Supernova's voor een camera anomalie en 6 supernova's voor het ontvoerd worden door buitenaardse wezens.

Anomalie binnen in de Camera

66

Conclusie

Ik hoop dat jullie allemaal hebben genoten van deze reis van *50 Dingen die je met een Kleine Telescoop kunt Zien!* Als je met deze hobby wilt doorgaan, zou ik je ten zeerste willen aanmoedigen om je bij de lokale Astronomieclub aan te sluiten. Een lijst van deze clubs in de Verenigde Staten is hier te vinden:

http://nightsky.jpl.nasa.gov/club-map.cfm

Als je van fictie houdt, bekijk eens dan mijn science fiction thriller, *The Martian Conspiracy*.

"Een harde sci-fi roman die doet denken aan *Red Mars* van Kim Stanley Robinson, zij het met een veel sneller tempo. Als je, net als ik, droomt van het leven op Mars, moet je dit boek lezen."

-Graeme Shimmin, auteur van *A Kill in the Morning*

Bijlage 1: Schema van Zonsverduisteringen 2016 - 2021

Type	Datum	Tijd van grootste Eclips (UTC)	Locatie
Totaal	9 maart 2016	1:58:19	**Totaal:** Indonesië, Micronesia, Marshall Eilanden **Gedeeltelijk:** Zuidoost-Azië, Korea, Japan, Oost-Rusland, Alaska, Noordwestelijk Australië, Hawaii, Pacific
Ringvormig	1 september 2016	9:08:02	**Ringvormig:** Atlantische, Centraal-Afrika, Madagascar, Indische Oceaan **Gedeeltelijk:** Afrika, Indische Oceaan
Ringvormig	26 februari 2017	14:54:33	**Ringvormig:** Zuidelijk Chili en Argentinië, Angola, Zuid-Westelijk Katanga **Gedeeltelijk:** Zuidelijk en Westelijk Afrika, Zuidelijk Zuid-Amerika, Antarctica
Totaal	21 augustus 2017	18:26:40	**Totaal:** Oregon, Idaho, Wyoming, Nebraska, Noordoostelijk Kansas, Missouri, Zuidelijk Illinois, Westelijk Kentucky, Tennessee, Zuidwestelijk Noord-Carolina, Noordoostelijk Georgia, Zuid-Carolina **Gedeeltelijk:** Noord-Amerika, Hawaii, Groenland, IJsland, Britse Eilanden, Portugal, Midden-Amerika, Caribisch gebied, Noordelijk Zuid-Amerika, Tsjoektsjenschiereiland
Gedeeltelijk	15 februari 2018	20:52:33	**Gedeeltelijk:** Antarctica, Zuidelijk Zuid-Amerika
Gedeeltelijk	13 juli 2018	3:02:16	**Gedeeltelijk:** Zuid-Australië, Victoria, Tasmanië, Indische Oceaan, Budd kusten
Gedeeltelijk	11 augustus, 2018	9:47:28	**Gedeeltelijk:** Noordoostelijk Canada, Groenland, IJsland, Noordelijke IJszee, Scandinavië, Noordelijke Britse Eilanden, Rusland, Noordelijk Azië
Gedeeltelijk	6 januari 2019	1:42:38	**Gedeeltelijk:** Noordoostelijk Azië, Zuidwestelijk Alaska, Aleoeten
Totaal	2 juli 2019	19:24:08	**Totaal:** Centraal Argentinië en Chile, Tuamotu Archipel **Gedeeltelijk:** Zuid-Amerika, Paaseiland, Galapagos Eilanden, Zuidelijk Midden-Amerika, Polynesië
Ringvormig	26 december 2019	5:18:53	**Ringvormig:** Noordoostelijk Saoedi-Arabië, Bahrein, Qatar, Verenigde Arabische Emiraten, Oman, Lakshadweep, Zuidelijk India, Sri Lanka, Noordelijk Sumatra, Zuidelijk Maleisië, Singapore, Borneo, Centraal Indonesië, Palau, Micronesië, Guam **Gedeeltelijk:** Azië, Westelijk Melanesië, Noordwestelijk Australië, Midden-Oosten, Oost-Afrika
Ringvormig	21 juni 2020	6:41:15	**Ringvormig:** Democratische Republiek Congo, Soedan, Ethiopië, Eritrea, Jemen, Leeg Kwadrant, Oman, Zuidelijk Pakistan, Noordelijk India, New Delhi, Tibet, Zuidelijk China, Chongqing, Taiwan **Gedeeltelijk:** Azië, Zuidoostelijk Europa, Afrika, Midden-Oosten, West-Melanesia, Westelijk Australia, Noordelijk Territorium, Kaap York-Schiereiland
Totaal	14 december 2020	16:14:39	**Totaal:** Zuidelijk Chili en Argentina, Kiribati, Polynesië **Gedeeltelijk:** Centraal en Zuidelijk Zuid-Amerika, Zuidwestelijk Afrika, Antarctisch Schiereiland, Ellsworth Land, Westelijk Queen Maud Land
Ringvormig	10 juni 2021	10:43:07	**Ringvormig:** Noordelijk Canada, Groenland, Rusland **Gedeeltelijk:** Noordelijk Noord-Amerika, Europa, Azië
Totaal	4 december 2021	7:34:38	**Totaal:** Antarctica **Gedeeltelijk:** Zuid-Afrika, Zuidelijke Atlantische Oceaan

Voorspellingen door Fred Espenak van NASA's Goddard Space Flight Center

Bijlage 2: Schema van Zonsverduisteringen 2022 - 2030

Type	Datum	Tijd van grootste Eclips (UTC)	Locatie
Gedeeltelijk	30 april 2022	20:42:36	**Gedeeltelijk:** Zuidoost-Pacific, Zuidelijk Zuid-Amerika
Gedeeltelijk	25 oktober 2022	11:01:20	**Gedeeltelijk:** Europa, Noordoost-Afrika, Midden Oosten, West-Azië
Hybride	20 april 2023	4:17:56	**Hybride:** Indonesië, Australië, Papoea-Nieuw-Guinea
			Gedeeltelijk: Zuidoost-Azië, Oost-Indië, Filipijnen, Nieuw-Zeeland
Ringvormig	14 oktober 2023	18:00:41	**Ringvormig:** Westelijke Verenigde Staten, Midden-Amerika, Colombia, Brazilië
			Gedeeltelijk: Noord-Amerika, Midden-Amerika, Zuid-Amerika
Totaal	8 April, 2024	18:18:29	**Totaal:** Mexico, Midden-Amerika, Oost-Canada
			Gedeeltelijk: Noord-Amerika, Midden-Amerika
Ringvormig	2 oktober, 2024	18:46:13	**Ringvormig:** Zuidelijk Chili, Zuidelijk Argentinië
			Gedeeltelijk: Pacific, Zuidelijk Zuid-Amerika
Gedeeltelijk	29 maart 2025	10:48:36	**Gedeeltelijk:** Noordwestelijk Afrika, Europa, Noord-Rusland
Gedeeltelijk	21 september 2025	19:43:04	**Gedeeltelijk:** Zuid-Pacific, Nieuw-Zeeland, Antarctica
Ringvormig	17 februari 2026	12:13:06	**Ringvormig:** Antarctica
			Gedeeltelijk: Zuidelijk Argentinië, Chili, Zuid-Afrika, Antarctica
Totaal	12 augustus 2026	17:47:06	**Totaal:** Arctica, Groenland, IJsland, Spanje en Portugal
			Gedeeltelijk: Noordelijk Noord-Amerika, Westelijk Afrika, Europa
Ringvormig	6 februari 2027	16:00:48	**Ringvormig:** Chili, Argentinië, Atlantische Oceaan
			Gedeeltelijk: Zuid-Amerika, Antarctica, West- en Zuid-Afrika
Totaal	2 augustus 2027	10:07:50	**Totaal:** Marokko, Spanje, Algerije, Libië, Egypte, Saoedi-Arabië, Jemen, Somalië
			Gedeeltelijk: Afrika, Europa, Midden-Oosten, Westelijk en Zuidelijk Azië
Ringvormig	26 januari 2028	15:08:59	**Ringvormig:** Ecuador, Peru, Brazilië, Suriname, Spanje, Portugal
			Gedeeltelijk: Oostelijk Noord-Amerika, Midden- en Zuid-Amerika, West-Europa, Noordwest-Afrika
Totaal	22 juli 2028	2:56:40	**Totaal:** Australië, Nieuw-Zeeland
			Gedeeltelijk: Zuidoost-Azië, Oost-Indië
Gedeeltelijk	14 januari 2029	17:13:48	**Gedeeltelijk:** Noord-Amerika, Midden-Amerika
Gedeeltelijk	12 juni 2029	4:06:13	**Gedeeltelijk:** Arctica, Scandinavië, Alaska, Noord-Azië, Noordelijk Canada
Gedeeltelijk	11 juli 2029	15:37:19	**Gedeeltelijk:** Zuidelijk Chili, Zuidelijk Argentinië
Gedeeltelijk	5 december 2029	15:03:58	**Gedeeltelijk:** Zuidelijk Argentinië, Chili, Antarctica
Ringvormig	1 juni 2030	6:29:13	**Ringvormig:** Algerije, Tunesië, Griekenland, Turkije, Rusland, Noordelijk China, Japan
			Gedeeltelijk: Europa, Noord-Afrika, Midden-Oosten, Azië, Arctica, Alaska
Totaal	25 november 2030	6:51:37	**Totaal:** Botswana, Zuid-Afrika, Australië
			Gedeeltelijk: Zuid-Afrika, Zuidelijke Indische Oceaan, Oost-Indië, Australië, Antarctica

Voorspellingen door Fred Espenak van NASA's Goddard Space Flight Center

Bijlage 3: Map met Zomerconstellaties voor het Noordelijk Halfrond *

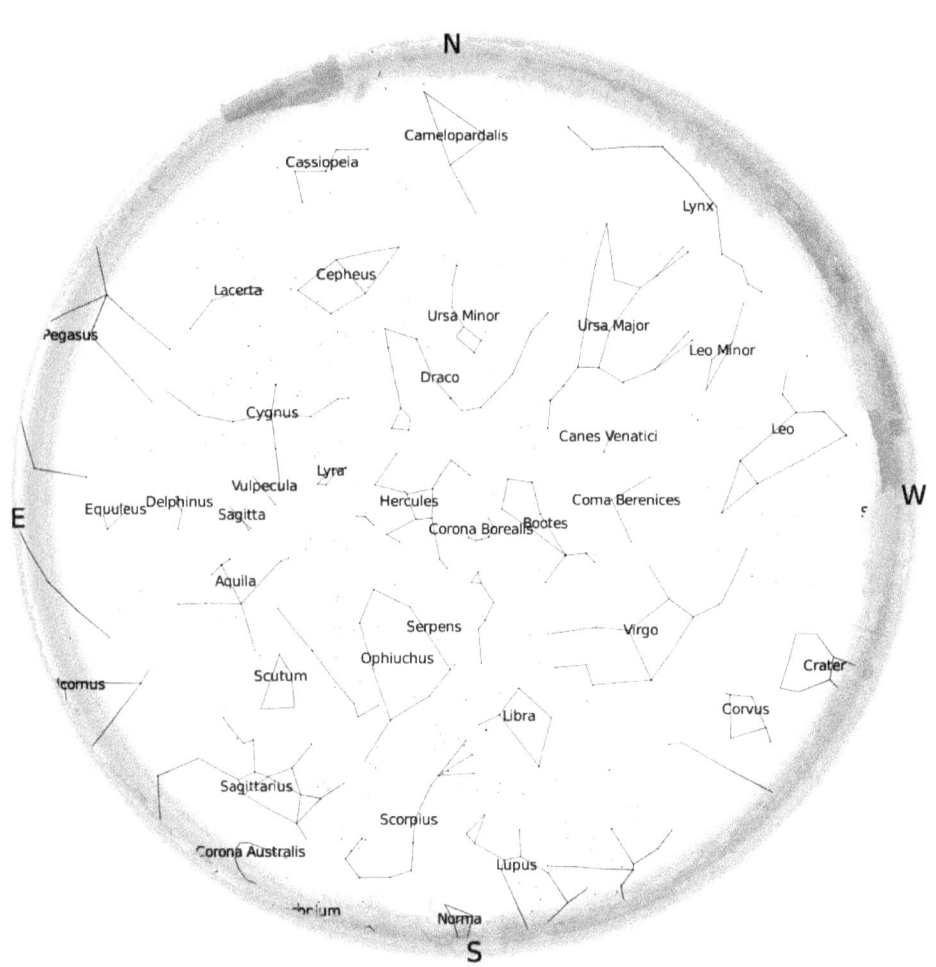

* Breedtegraad 37 graden

Bijlage 3: Map met Winterconstellaties voor het Noordelijk Halfrond *

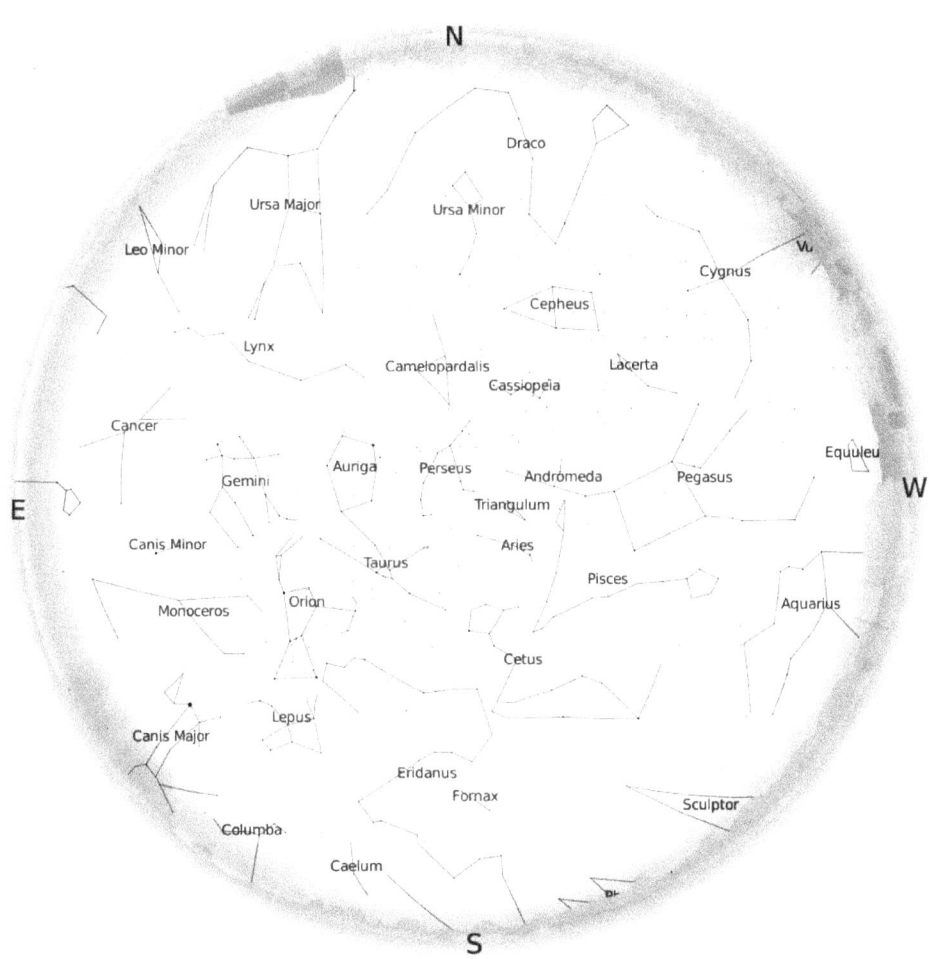

* Breedtegraad 37 graden

www.ingramcontent.com/pod-product-compliance
Lightning Source LLC
Chambersburg PA
CBHW070226210526
45169CB00023B/947